无敌® 学生博识馆系列 3

SUPER EXTENSIVE KNOWLEDGE

Mammals

【亲近哺乳动物】

（上）

外文出版社

FOREIGN LANGUAGES PRESS

学生博识馆系列 ③

亲近哺乳动物（上）

图书在版编目(CIP)数据

亲近哺乳动物(上): 图鉴版 / 陈会坤编著.
—北京：外文出版社，2013
(无敌学生博识馆；第3辑)
ISBN 978-7-119-08176-2

Ⅰ.①亲… Ⅱ.①陈… Ⅲ.①哺乳动物纲－青年读物
②哺乳动物纲－少年读物 Ⅳ.①Q959.8-49

中国版本图书馆CIP数据核字(2013)第048785号

2013年6月第1版
2013年6月第1版第1次印刷

出　　版	外文出版社有限责任公司
	北京市西城区百万庄大街24号
	邮编：100037
责任编辑	吴运鸿
经　　销	新华书店 / 外文书店
印　　刷	北京博艺印刷包装有限公司
印　　次	2013年6月第1版第1次印刷
开　　本	1/32, 920×1370mm, 8印张
书　　号	ISBN 978-7-119-08176-2
定　　价	35.00元
总 监 制	张志坚
创意制作	无敌编辑工作室
撰　　稿	陈会坤
绘　　图	Berni, Borrani, Boyer, Camm, Catalana, Giglioli, Guy, Maget, Major, Pozzi, Rignall, Ripamonti, Sekiguchi, Sergio, Wright
执行责编	陈　茜
文字编辑	杨丽坤　陈婉　文静　李琳　欧世秀　庞思慧　霍栋梁
美术编辑	王晓京
版型设计	Kaiyun
行销企划	北京光海文化用品有限公司
	北京市海淀区车公庄西路乙19号华通大厦B座
	北塔六层　邮编：100048
集团电话	(010) 88018838(总机)
发 行 部	(010) 88018956(专线)
订购传真	(010) 88018952
读者服务	(010) 88018838转10(分机)
选题征集	(010) 88018958(专线)
网　　址	http://www.super-wudi.com
E－mail	service@super-wudi.com

CONTENTS
目录

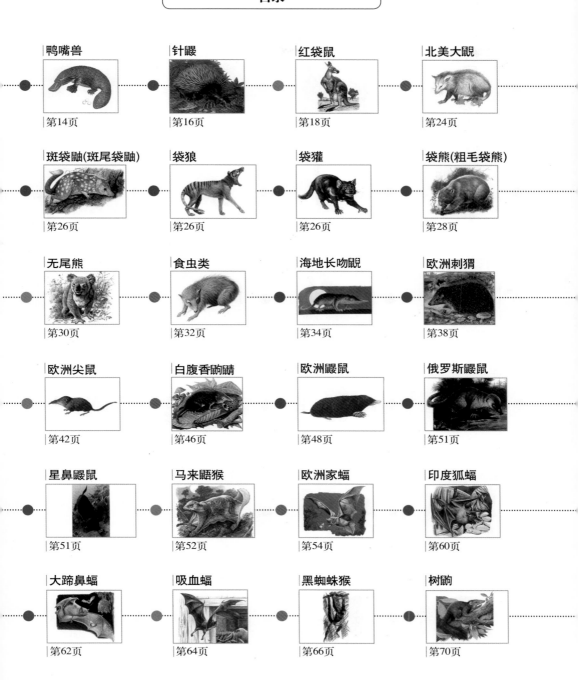

CONTENTS

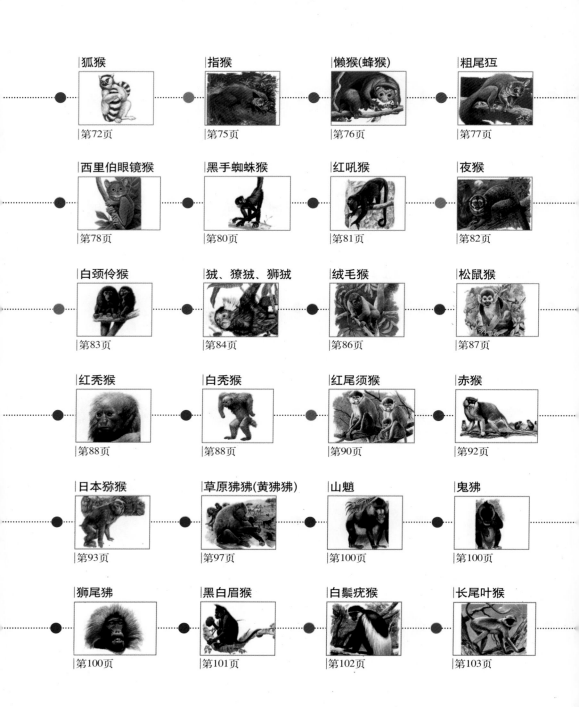

CONTENTS

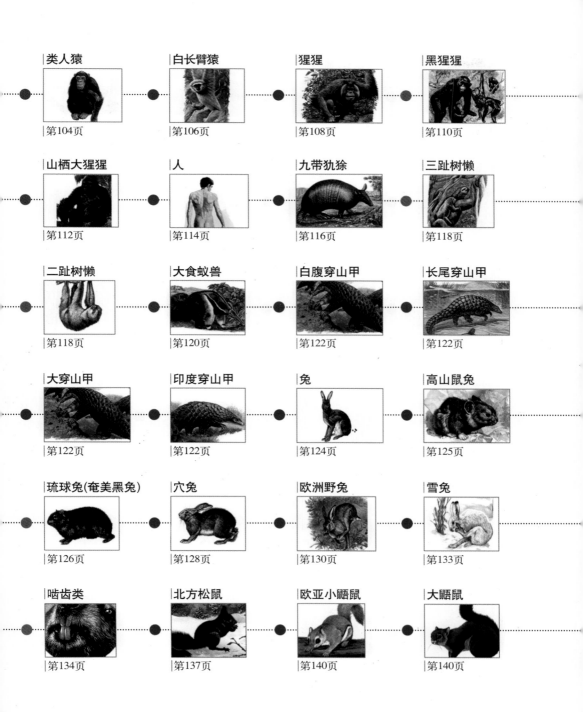

CONTENTS

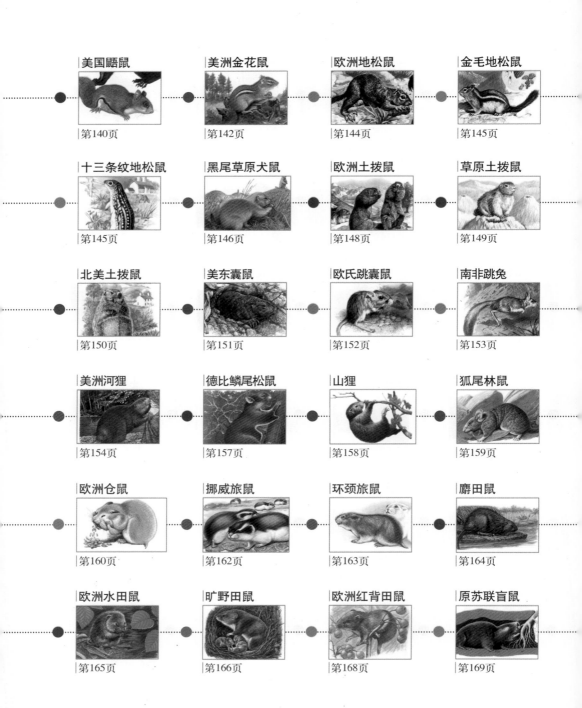

CONTENTS

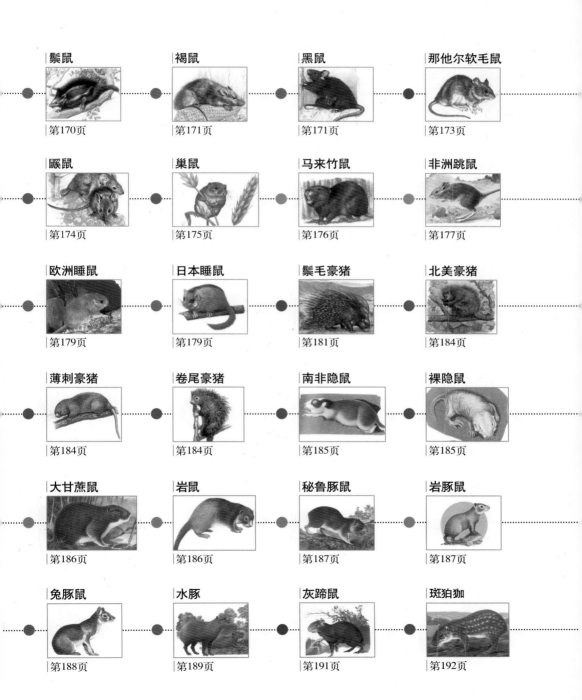

CONTENTS

CONTENTS

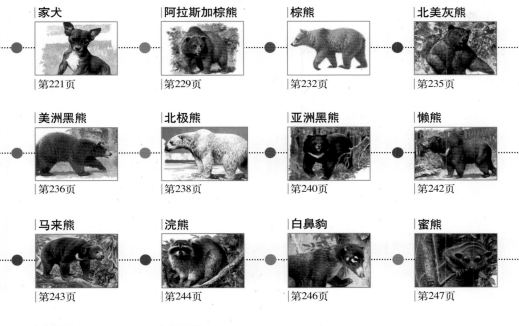

哺乳动物大都为恒温性，智慧高且具活动力；体温依脑部的指挥而被调节，哺乳类大都不受气温影响且能保持摄氏36~39度的体温；生存于热带、寒带，若包括海生种类，几乎广泛分布于世界各地。哺乳类固有的毛及汗腺、海绵状的肺、由肌肉质之横隔膜与腹腔分隔的可动性胸腔，以及分成四室的心脏等，大都是适应恒温性的维持而产生的。

雌性有乳腺分泌乳汁，婴兽吸其乳汁而长大，这是哺乳类的重要特征之一。哺乳类被普遍认为是由汗腺进化而来的。鳞片退化后，口唇变得柔软，而舌头变为肉质，这也是为了适应吮乳。

哺乳类不但大脑变大，新皮质扩展，智能也较爬虫类高出很多；听觉变得敏锐而易于护身及觅食，哺乳类之所以会代替爬虫类繁盛起来，与哺乳类这些固有的特征都有很大的关系。

哺乳类的牙齿，原则上有两组。一组是幼儿期的乳齿，一组是后来换长的永久齿。这些牙齿的形状及功能因生长的部位而不同。长在上颚前颚骨的牙齿叫做门牙(切齿)，长在上颚骨最前方的一对牙齿叫做犬齿，长在犬齿后面的牙齿叫做颊齿，以示区别。

食肉类动物的特征是除了大型的犬齿成獠牙状，可作为捕

捉猎物的武器外，上下各一对的颊齿变成专为撕肉用的裂肉齿。这种裂肉齿除上颚的第四前臼齿和下颚的第一臼齿变成特别大型外，形状也变成刀刃一般。而上下牙齿像剪刀一样紧密地契合在一起，因此可以很巧妙地把肉撕裂。在其他动物中都看不到这类裂肉齿。所以从牙齿，可以马上分辨出是否为食肉类动物。

啮齿类的祖先是谁，目前我们一无所知。但是从其胎儿所形成的胎盘来看，其形状和人类及灵长类同样都是圆盘状的。由此可知，它们可能是在极早期由具有圆盘状胎盘的食虫类祖先所分化而来的。翼手类、兔类的胎盘也是圆盘状的，但是食肉类的胎盘是把胎儿如纽带般团团卷住的带状胎盘。类似的胎盘，在管齿目、长鼻目、岩狸目、海牛目等也可看到。在古新世中期出现的食肉类和白垩纪后期出现的肉齿类极为类似，因此食肉类被认为是由肉齿类分化而来的。肉齿类有很多特征和原始食虫类相似。啮齿类的进化情形，可从将下颚门牙往前推出咬肌的发达情形一窥端倪。但食肉类的进化，就不如此单纯。因为食肉类包括在水中生活的鳍脚类，也有像熊一样杂食性、或像熊猫以竹为主食等各种生活方式的种类。从脚来看，也是如此。至于哺乳类的趾头，看看人类自己的手即可了解，一般第三指为最长。例如熊科、浣熊科是利用脚底整个着地步行的蹠行性，犬科和猫科则是仅仅以趾骨着地的趾行性，属于大多数鼬科种类却又是介于中间的半蹠行性。

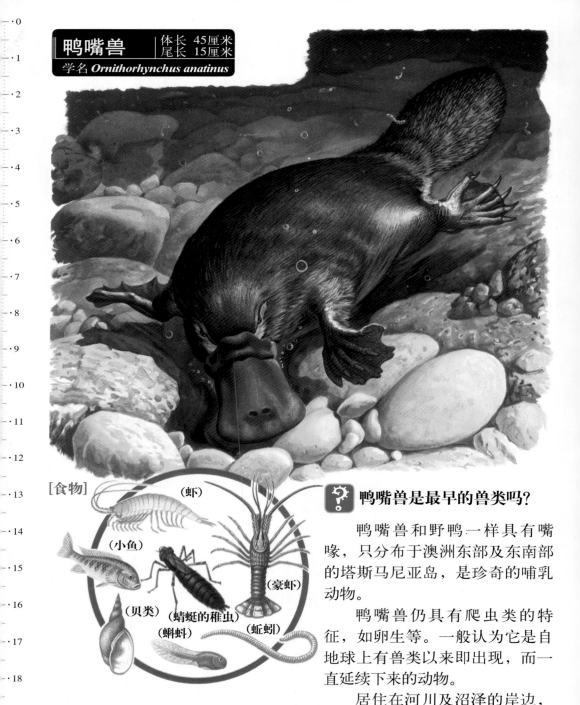

鸭嘴兽

体长 45厘米
尾长 15厘米

学名 *Ornithorhynchus anatinus*

[食物]

(虾)

(小鱼)

(豪虾)

(贝类)

(蜻蜓的稚虫)

(蝌蚪)

(蚯蚓)

鸭嘴兽是最早的兽类吗?

鸭嘴兽和野鸭一样具有嘴喙,只分布于澳洲东部及东南部的塔斯马尼亚岛,是珍奇的哺乳动物。

鸭嘴兽仍具有爬虫类的特征,如卵生等。一般认为它是自地球上有兽类以来即出现,而一直延续下来的动物。

居住在河川及沼泽的岸边,以捕食水中生物为生。为了适应水中生活,足上有蹼。

● 鸭嘴兽的生活

● 具有和鸭子相同的嘴喙的哺乳类，大小便皆使用同一排泄腔，这是爬虫类的特征。哺乳类中具有此特征的，只有鸭嘴兽及针鼹两种而已。

● 鸭嘴兽在河川、湖沼堤边挖洞筑巢。黄昏和清晨时在水中猎食，其余的时间则在巢内度过。除了产卵期以外，都过着独居生活。

● 鸭嘴兽产下的不是幼兽，而是卵。一次可产1~3个卵。

● 雌兽无乳头，乳汁会渗过腹部的皮肤附着在毛上，幼儿即舐之过活。

● 鸭嘴兽的同类

● 针鼹生活于地上。

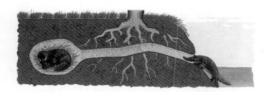

● 雌兽产子时，会在巢内铺草。

■袖珍动物辞典

鸭嘴兽

●哺乳纲 ●单孔目 ●鸭嘴兽科

消化管的末端有生殖管及输尿管。因此粪便、尿、卵都由同一排泄孔出来；为单孔类的代表。实际上，属于单孔类的动物，除了鸭嘴兽外，只有针鼹而已。鸭嘴兽为卵生，发生过程为盘割(与爬虫类和鸟类等相同)，成体无齿，且为变温性动物等，具有许多类似爬虫类动物的特征。

但是，其体表具毛，并以乳腺分泌出来的乳汁育儿等，又是哺乳类的特质。总之，它是种中间型的动物。

针鼹

体长35~50厘米
尾长 9厘米

学名 *Tachyglossus aculeatus*

[食物]

（昆虫、蜘蛛等）

针鼹是在白天还是夜晚活动？

　　针鼹分布于澳洲及其附近，生活在干燥的草原及森林中。白天几乎都在睡觉，夜晚才外出寻找食物。

　　针鼹具有利于挖掘蚁巢的硬爪和长型口吻；为了猎食蚂蚁，具有如蚯蚓般的长舌头。

● 仔细看

[针鼹的育儿方法]

针鼹和鸭嘴兽一样，都没有乳头，乳汁由母亲的腹部渗出，以哺育幼兽。

但针鼹比鸭嘴兽更为进化，在母体的下腹部有育儿袋，通常只产一个卵，幼兽在育儿袋中被保护着。

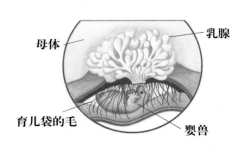

母体 — 乳腺

育儿袋的毛 — 婴兽

● 针鼹的生活

[鸭嘴兽和针鼹(单孔类)在生物学上的地位]

● 针鼹前脚的爪很有力，在2、3分钟内便可掘出一个足以藏身的洞穴。

● 遇到危险时，会把短而尖锐的毛竖起以自卫。

● 针鼹没有牙齿，代之以长舌猎食昆虫。

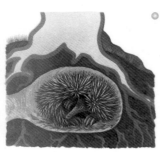

● 天气寒冷时会长眠。因其皮下脂肪组织很厚，一个月内不摄取食物仍可生存。

（爬虫类）

● 卵生,体表覆有鳞，寒冷时会冬眠。

（单孔类）

● 鸭嘴兽和针鼹虽是卵生，但以母体腹部分泌出来的乳汁育儿。身上覆毛，但天冷时仍需冬眠。

（哺乳类）

● 胎生，吸母亲的乳头分泌出来的乳汁成长。体上有毛，因此身体暖和，通常不需冬眠。

■袖珍动物辞典

鸭嘴兽、针鼹

●哺乳纲 ●单孔目

鸭嘴兽和针鼹与爬虫类一样具有总排出孔，因为它们的排泄和产卵作用都经由这一个总排出孔，所以被称为单孔类。

但从它们会哺乳、体表覆有毛、心脏及下鄂骨等的构造看来，显示单孔类为哺乳中最原始的动物；可能是爬虫类进化到哺乳类的过程中出现的动物。

红袋鼠

体长 83.3~161厘米(雄)
尾长 66.5~106厘米(雄)

学名 *Macropus rufus*

袋鼠以什么维生？

将初生儿放在腹部的袋中养育的兽类，称为有袋类；袋鼠是其中最为人熟知的动物之一。

生活在澳洲大陆广大的森林及草原上，以草皮和树叶维生。

前脚极短小，后脚则很强壮，尾巴粗而长。

袋鼠的生活

◎ 袋鼠通常以十数头的雌、雄成兽与幼兽集体生活，没有特别的领导者。

仔细看

袋鼠有时可跳跃达3米高。

◎ 袋鼠在白天炎热时休息，夜晚凉快时才外出摄食草类及树叶。

[食物]

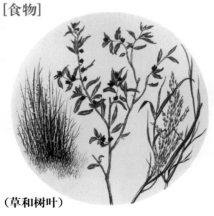

（草和树叶）

◎ 至交尾时期，为了争夺雌袋鼠，雄性之间展开剧烈的打斗。
打斗时，以强劲有力的后足互相踢打。

◎ 袋鼠以如此的姿势生产。

袋鼠的生产及育儿方式

○ 袋鼠自交尾后约33天便会产子。

○ 刚生下的小袋鼠非常小（体重0.9克，体长2厘米），眼睛看不见，也没有毛。

○ 产子之前，常舔舐袋子的内侧。

○ 接着，再舐产道口与育儿袋入口处的毛，以等待婴兽的出世。婴兽一生出来，便抓着毛攀爬至育儿袋中。

○ 进入育儿袋后的小袋鼠，吮吸四个乳头中的一个，在袋中生活约八个月。

○ 约一年左右，一直生活在育儿袋中的小袋鼠才会离开育儿袋。但其后约六个月，仍需将头钻入袋中吸乳。

● 袋鼠的种类

毛袋鼠

灰袋鼠

黑手袋鼠

节尾岩袋鼠

褐兔袋鼠

黑脸鼩

丛尾短鼻鼩

[三种袋鼠类的体型]

红袋鼠

毛袋鼠

黑手鼩

■袖珍动物辞典

有袋类

● 哺乳纲 ● 有袋目

有袋类是具有育儿袋的哺乳类，与单孔类一同列为哺乳类中最原始的动物。普通猫、狗等动物属于真兽类，有袋类与其比较，具有大脑小而智能低、齿数多而不定、行动迟缓而单调、行没有组织性的群居生活等特征。

但是，有袋类和真兽类同样为胎生，具有乳头，只是几乎没有胎盘，因此雌鼠的腹部有育儿袋，未成熟的婴兽便是在此育儿袋中发育成长的。

有袋类在白垩纪(约1亿4000万~6500万年前)曾盛产于北美洲及欧洲。但后来受到真兽类的压迫而衰退。但在与欧亚大陆及北美隔离的南美大陆，是早在真兽类发生之前就已有有袋类的分布，所以在南美洲和曾与南美洲陆地相连的澳洲地区，有袋类经过适应繁衍后，出现了许多种类。

兽弓类

全兽类

有袋类

真兽类

兽弓目是具有爬虫类及哺乳类等双重特征的爬虫类之一。

全兽类是具有胎盘的哺乳动物的祖先。

有袋类是与真兽类是由同一祖先进化而来的哺乳动物，与真兽类有许多共同点，但与单孔类(鸭嘴兽及针鼹)也有相似的地方。

有袋类分布在澳洲、新西兰、北美、中美及南美等地。

有袋类的种类

大鼩

袋鼬

袋狼

小袋䶂

袋鼩

袋睡鼠

袋鼹

袋獾

袋貂

袿熊

猪脚袋狸

袋貂（结指鼩）

松鼠

无尾鼠

条纹袋松鼠

北美大鼩
体长32~50厘米
尾长25.5~53.5厘米
学名 *Didelphis virginiana*

❓ 大鼩擅长爬树吗？

　　大鼩以照顾自己的幼兽而有名，类似老鼠，体型像小狗般大小。在有袋类之中，只有鼩鼠类不是分布在澳洲而是生活在北美及南美。

　　北美大鼩在森林地带的地面上生活，但也擅长爬树。能以无毛的尾巴卷住树枝，前脚趾为了利于抓握树枝故第一趾与其他趾头分离。常背着幼鼠，灵巧地在树枝间穿梭来回。

　　常在树洞、树根草丛内或人类的屋顶里面，以枯草筑圆形的巢。

[食物]

(鼩鼠)
(鸟蛋)
(青蛙)
(爬虫类)
(鸟)
(树的种子)
(昆虫及幼虫)

● 大鼩的生活

▶ 仔细看

大鼩的育儿袋不呈现袋状，只是在腹部前方开口而已，其同类中，有些种类甚至连育儿袋都没有。

● 幼鼠们长大而无法容于育儿袋时，便以脚及尾巴紧抓母鼠跟随着到各处。

● 感觉到危险时，或被追得走投无路时，便装死。

● 有时会以尾巴卷着搬运筑巢用的叶子。

● 鼩的种类

灰四眼鼩

南美大鼩

鼹鼩

水鼩

■袖珍动物辞典

大鼩

●哺乳纲 ●有袋目 ●鼩科

鼩类是有袋类中，繁盛于白垩纪(约1亿4000万~6500万年前)，而仍保持着该时期姿态的珍稀动物。

北美大鼩在北方，只在春天时生产一次，而在南方，则于春、夏生产二次。一次生产约十仔，多时可达二十仔。但因雌鼠的乳头只有5~13个，所以多余的幼鼠便会死亡。婴鼠体长约10~12厘米。

鼹鼩无育儿袋，婴兽紧抓乳头长大。

水鼩分布在中、南美山地丛林中的河川及沼湖。雌鼠将仔鼠置于育儿袋中，直接进入水中，在水中育儿袋入口的肌肉紧闭，得以防水。

①斑袋鼬（斑尾袋鼬）	体长 36~44厘米 尾长 21~31厘米
学名 *Dasyurus maculatus*	

③袋獾	体长 47~83厘米 尾长 22~30厘米
学名 *Thylacinus cynocephalus*	

②袋狼	体长 108~130厘米 尾长 53~65厘米
学名 *Thylacinus cynocephalus*	

①

②

③

有袋类中谁最凶猛？

位于澳洲东南的塔斯马尼亚岛，为肉食性有袋类的居处。

袋鼬与北半球的猫类性质类似。

袋狼现在正面临绝种的危机。

袋獾在有袋类中是最凶猛的一种，下颚强劲有力，有时会袭击绵羊。

● 袋鼬的生活

● 白天睡觉，晚上才出来行动和觅食。

● 袋鼬的天敌为狐及猫。

[袋狼与狼的比较]

袋狼

欧洲狼

● 包括袋狼在内，有袋类较之其他哺乳类，乃为较原始的动物，其最显而易见的，乃是尾巴基部的构造。有袋类之尾巴基部与背部连接之处，并无凹洼处，与其背部如曲线般的相连。这种形状证明了有袋类仍然具有爬虫类骨骼的构造。

[食物]

(鼠)

(老鼠)

(青蛙)

(绵羊)

(鸟)

(蛋)

(袋熊)

■袖珍动物辞典

袋鼬、袋狼、袋獾

●哺乳纲 ●有袋目 ●袋鼬科

以袋鼬为代表，是肉食性的有袋类。袋獾和袋狼喜欢猎取兔子、老鼠等小型哺乳类为食，有时也猎食绵羊及袋鼠等较大型的动物。

都属于单独行动的夜行性动物，在澳洲不是已灭种便是濒临灭种；袋狼在塔斯马尼亚岛被认为已灭种。

天敌是由海外引进的狐、猫、狗等；但是视之为绵羊的敌人而将它捕杀的人类，可说是它们最大的敌人。

袋熊（粗毛袋熊）| 体长 70～105厘米
学名 *Vombatus ursinus*

🔖 袋熊胆子小吗？

　　袋熊是相当于北半球的浣熊的有袋类动物，生活情形与浣熊亦很相像。

　　胆子很小，白天躲在巢内，夜晚才外出吃树及草的根。

　　门齿大型，和老鼠的门齿一样，一生都不停地生长。啃食硬树根维生。

　　袋熊是一种与无尾熊相似的动物，和人类很驯熟，会与小孩子嬉戏。

[食物]

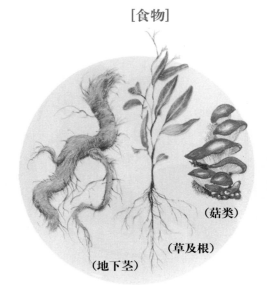

（菇类）

（草及根）

（地下茎）

袋熊的生活及习性

● 擅于挖土，脚趾具强硬的钩爪，用后脚将土向后扒。

● 有时在树根旁挖个凹处躺下，享受日光浴。

● **仔细看**

巢穴的一般长度为5至10米，但数个巢穴连接起来，有时总长会达1000米以上。

● 袋熊的育儿袋开口朝后，在挖掘巢穴时，土才不会盖到幼兽身上。

■袖珍动物辞典

袋熊

●哺乳纲 ●有袋目 ●袋熊科

袋熊又称粗毛袋熊，于公元1838年发现的古代化石，经鉴定为袋熊的化石，从此也被称为"活化石"，轰动一时。

门齿如啮齿类般只有上下一对。全部的牙齿终其一生成长不停，无犬齿。

与无尾熊很相近，但不会爬树，生活在地上或采穴居生活。

四~六月生一仔，育儿袋开口朝后。

● 在塔斯马尼亚岛上，袋熊的天敌为袋獾。

无尾熊

体长
60~80厘米

学名 *Phascolarctos cinereus*

[食物]

（由加利树的叶子）

你觉得无尾熊可爱吗?

　　有袋类中，特别可爱的是澳洲产的无尾熊。

　　它们拥有小熊般的身躯，体重约15千克。

　　无尾熊生活在由加利树上，很少下到地面。它们只吃由加利树的叶子及嫩芽，也很少喝水，是爬树的高手；它们的后腿强劲有力，能爬得很好。

无尾熊的生活

白天在由加利树上睡觉。

育儿袋的开口向后。

小无尾熊离开育儿袋后，仍需攀附在母亲背上。

一有异声，就会从这棵树跳至那棵树；一跃可达一米远。

下到地面时，动作虽较迟钝，但仍能走或做慢跑。

■袖珍动物辞典

无尾熊

●哺乳纲 ●有袋目 ●结指鼩科

无尾熊生下来时重约5~6克，在育儿袋中生长六个月才出来活动；再经过六个月左右，就攀附在母亲的背上。性喜在半夜时，悠哉的行动，如懒汉一般，很少在地面上活动。

无尾熊虽然食用由加利树，但也仅能在某些由加利树上生活而已；因为有好几种由加利树，它们几乎都不吃。为了便于消化食物，盲肠有2.4米长。

食虫类

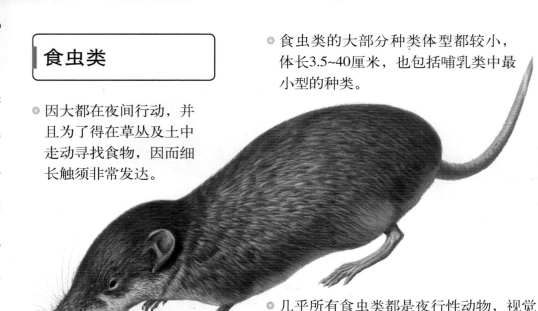

尖鼠

- 食虫类的大部分种类体型都较小，体长3.5~40厘米，也包括哺乳类中最小型的种类。

- 因大都在夜间行动，并且为了得在草丛及土中走动寻找食物，因而细长触须非常发达。

- 几乎所有食虫类都是夜行性动物，视觉的功用较少，因此眼睛不发达，甚至已退化。
  行走时，脚底完全着地，属蹠行性。

- 前面牙齿的先端弯而尖利，如锯齿般排列，利于衔住小动物或挖洞，大都是肉食性动物。
  口吻细长突出为食虫类的一大特征，不靠视觉而靠嗅觉辨别气味而行动。

❓ 食虫类有哪些原始型动物的特征？

食虫类包括鼩鼱、鼬鼩等小型哺乳类。但被认为是最接近除了鸭嘴兽(单孔类)及袋鼠(有袋类)之外的所有哺乳类(真兽类)祖先的种类。故在动物学上占有极重要的地位；其中有的甚至直接承袭了其祖先的外型。

食虫类动物的嗅觉特别敏锐，鼻头细长而突出；由此亦知其感觉主要是靠嗅觉，而不是眼睛。前齿亦非为了咬断食物，而是为了衔住已到手的猎物。凡此种种都是原始型动物的特征。

（全兽类）

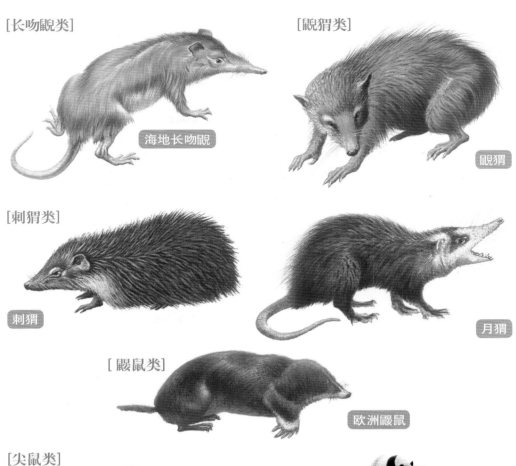

[长吻鼩类]

海地长吻鼩

[鼩猬类]

鼩猬

[刺猬类]

刺猬

月猬

[鼹鼠类]

欧洲鼹鼠

[尖鼠类]

欧洲尖鼠

白腹尖鼠

侏儒尖鼠

■袖珍动物辞典

食虫类

●哺乳纲●食虫目

分布在除了澳洲和南美中、南部以外的全世界地区。都是小型的动物，是真兽类中最原始的一种。大脑小、表面几乎无皱纹，智力低下一目了然。主食昆虫及蚯蚓。利用其细长突出的口吻猎食，是食虫类唯一的特征。不像其他哺乳动物，无特化的现象，因此食虫类也被认为是接近真兽类祖先的种类。

海地长吻鼩 体长 30厘米
学名 *Solenodon paradoxus*

长吻鼩有怎样怪异的体型?

长吻鼩保有其祖先的体型,体长30厘米,尾长22厘米,口吻甚长,体型相当怪异。

长吻鼩是"活化石"之一,从它的化石已证实了在三千万年前便已栖息于北美,现在虽仍生活在古巴岛、海地岛,但因被狗、猪、獴追杀,已渐趋灭种。

[食物]

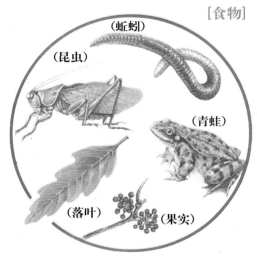

(蚯蚓)

(昆虫)

(青蛙)

(落叶)

(果实)

● 长吻鼹的生活

● 长吻鼹为夜行性动物，白天大都栖居于土洞或树洞中。

● 使用长鼻挖土，硬爪则用来挖掘食物或将倒下腐烂树枝拔起。猎物必先撕碎后才食用。

● 被追捕时，便把头埋入穴中动也不动。

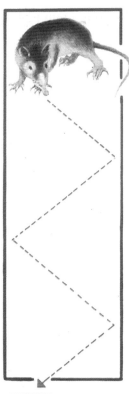

● 仔细看
长吻鼹向来不走直线，沿曲线行走。

■袖珍动物辞典
长吻鼹

● 哺乳纲 ● 食虫目 ● 长吻鼹科

现在世上仅存古巴长吻鼹和海地长吻鼹两种而已，是食虫类中身体较大的种类。外观与尖鼠相像，长尾巴上覆有鳞片。皮肤除有特殊的分泌腺外，海地长吻鼹具有毒腺，唾液即含有此毒。

● 长吻鼹性喜玩水。因鼻子长饮水不方便，所以在戏水时顺便喝水。

爬虫类的时代
180万~130万年前

[兽弓类]
为具爬虫类及哺乳类双重性质的爬虫类。

由爬虫类进化到哺乳类

[摩根齿兽]
全兽类

● 单孔类

鸭嘴兽

● 有袋类

● 单孔类及有袋类的生殖和爬虫类一样都是卵生；或是婴兽未成熟前便产下。

袋鼠

● 真兽类

现代

哺乳类的时代

● 由摩根齿兽进化而来的动物。

● 是最早具有胎盘、生下完整体型婴兽的真兽类祖先。

长吻鼩和食虫类

● 仍保留着祖先——摩根齿兽的形态。

● 长吻靚的近亲食虫类种类

[靚猬]

- 仅分布在马达加斯加岛，在夜间活动，捕食蚯蚓、昆虫或蜥蜴。
  一次产仔15~16只，有时甚至达24~34只之多，是哺乳类中最多产的一种。
  共有12对(24个)乳头。

[金毛鼹]

- 生活在非洲南部草原，生活在地下，主食蚯蚓。在冬季(七~九月)里会冬眠。

■袖珍动物辞典

兽弓类

为中生代侏罗纪(约1亿8000万~1亿4000万年前)的爬虫类。四肢朝前后方向伸展，适于奔跑。牙齿分为门齿、犬齿、白齿等三种，如咬嚼食物等，具有如哺乳类的特征，因此被认为是哺乳类型爬虫类。

摩根齿兽(始带齿兽)

为中生代白垩纪(约1亿4000万~6500万年前)的全兽类。体型小，具有突出而锐利的牙齿，身体构造类似食虫类，与现在的长吻靚几乎完全相同。

[大獭鼩]

- 生活在非洲中部的小河中，夜晚捕食螃蟹、豪虾、水生昆虫等。擅于游泳。

欧洲刺猬 体长25~30厘米
尾长23~37厘米
学名 *Erinaceus europaeus*

刺猬浑身都长满刺吗？

刺猬除了腹部以外，其他部位都生有短刺。遇敌时，将头及手足的柔软部分藏起，变成如同板栗的刺果般圆球以自卫。

一到夜晚，便到处游荡，捕食地上的小型动物。

[食物]

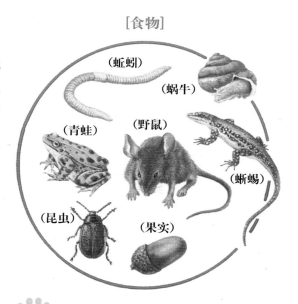

（蚯蚓）
（蜗牛）
（青蛙）　（野鼠）
（蜥蜴）
（昆虫）　（果实）

刺猬的生活

- 遇到狗或狐狸时，全身会缩成一团，将刺倒立以自卫。

- 但被翻过身来时，则无法自卫，因此常被狐狸捕杀。

- 刺猬对青蛇的毒有特殊的抵抗性，遇到毒蛇等动物时，也会捕食。

- 小刺猬稍长之后，便会跟着母亲排成一列出外活动。

- 刺猬喜欢在土中的洞或树根处筑巢，以落叶堆成。在巢中睡眠时会打鼾。

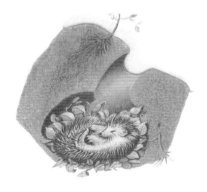

- 十月底，气温降至2℃以下时，便进入冬眠。但并非完全的冬眠，在暖和的日子还是会外出活动。

- 动作迟钝，但擅于爬树及游泳，能游过一条小河。

[刺猬的天敌]

（鼬类）

（山猫）　（狐）

（獾）

长耳刺猬（大耳刺猬）
Hemiechinus auritus
体长 14~23厘米
尾长 1.7~3.5厘米

森林象鼩鼱
Petrodromus sultan
体长 17~22厘米
尾长 15~17.5厘米

月鼠（鼩猬）
Echinosorex gymnurus
体长 26~35厘米
尾长 15~17.5厘米

■袖珍动物辞典

刺猬

●哺乳纲 ●食虫目 ●刺猬科

通常都具有短而尖锐的刺，但也有无刺的种类，月鼠便是；刺在幼兽期还是柔软的。

生活在森林、耕地、草原等地。夜行性，主要靠嗅觉和听觉行动。

食性为杂食性而广泛，对食物的嫌避性少，容易饲养，也会捕食蟑螂。又虽非完全免疫，但对蝮蛇的毒性有很强的抵抗性，因此可用于蝮蛇毒的防治，也因此被视为有益的动物。

南非刺猬
Erinaceus frontalis
体长 17~23厘米
尾长 1.9~9.5厘米

● 月鼠的种类

月鼠（鼩猬）
Echinosorex gymnurus
体长 25 厘米

● 分布在亚洲的热带雨林中，善于游泳和奔跑。臀部周围有分泌腺，会发出恶臭，因此连老虎、豹都不捕食它。

小月鼠（小毛猬）
Hylomys suilus
体长 10~13 厘米
尾长 2~2.5 厘米

[食物]

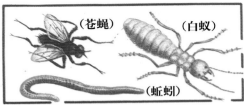

（苍蝇）　（白蚁）
（蚯蚓）

● 象鼩鼱的种类

背斑象鼩鼱
Rhynchocyon cirnei
体长 25~30 厘米
尾长 22~24 厘米

北非象鼩鼱
Elephantulus rozeti
体长 5 厘米
尾长 10.7 厘米

[食物]

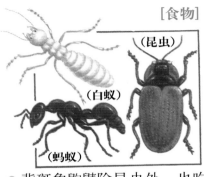

（昆虫）
（白蚁）
（蚂蚁）

● 象鼩鼱分布在非洲。北非象鼩鼱生活在干燥的地方，但在地下筑巢，晚间外出活动；背斑象鼩鼱则生活在森林里。

● 背斑象鼩鼱除昆虫外，也吃鸟及蛋。

欧洲尖鼠 体长6.2~8.5厘米
尾长3.4~5.7厘米
学名 *Sorex araneus*

尖鼠能活多久?

　　体型虽与老鼠相似,但却和鼹鼠及刺猬同属于食虫类动物,是哺乳类动物中最小的动物之一。其嘴虽只能如镊子般上下张开,但很适于啄食小动物。通常只能活两年。

[食物]

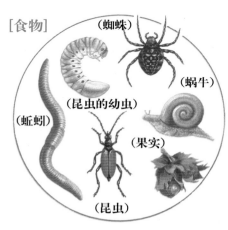

(蜘蛛)
(蜗牛)
(昆虫的幼虫)
(蚯蚓)
(果实)
(昆虫)

尖鼠的生活

○ 尖鼠通常在地上巢筑，巢下另掘有逃生的隧道。

○ 尖鼠的侧腹部有分泌腺，会发出恶臭，猫、狗因此都不会捕食它；但猫头鹰类则不嫌它恶臭而照样捕食。

○ 碰到同类会抬头发出吱吱的叫声。对方如果不躲开，则会翻身转动，发出更骚动的叫声。

[尖鼠的天敌]

（苍鹰）

鸮（猫头鹰）

（黄鼠狼类）

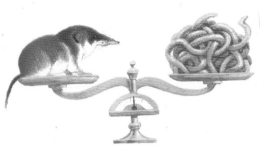

○ 尖鼠一天得吃与自身体重等重的食物。若在4、5个钟头内不吃东西，便会饿死。

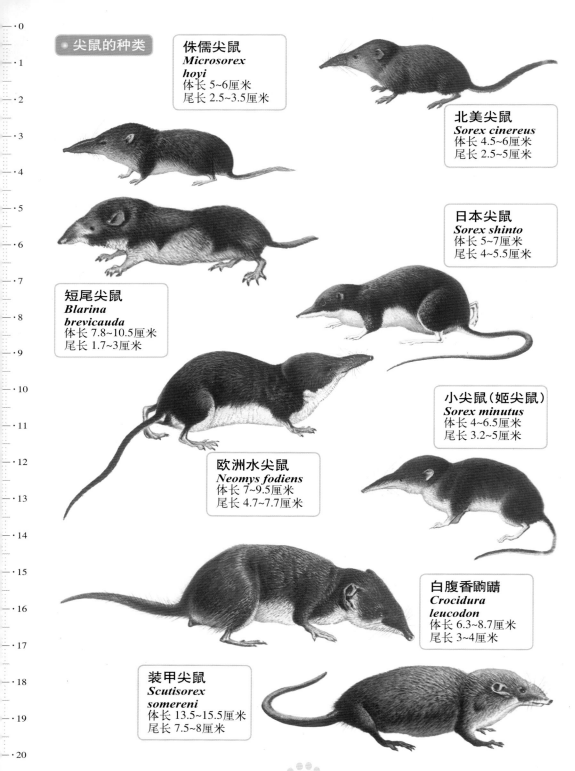

尖鼠的种类

侏儒尖鼠
Microsorex hoyi
体长 5~6厘米
尾长 2.5~3.5厘米

北美尖鼠
Sorex cinereus
体长 4.5~6厘米
尾长 2.5~5厘米

日本尖鼠
Sorex shinto
体长 5~7厘米
尾长 4~5.5厘米

短尾尖鼠
Blarina brevicauda
体长 7.8~10.5厘米
尾长 1.7~3厘米

小尖鼠（姬尖鼠）
Sorex minutus
体长 4~6.5厘米
尾长 3.2~5厘米

欧洲水尖鼠
Neomys fodiens
体长 7~9.5厘米
尾长 4.7~7.7厘米

白腹香鼩鼱
Crocidura leucodon
体长 6.3~8.7厘米
尾长 3~4厘米

装甲尖鼠
Scutisorex somereni
体长 13.5~15.5厘米
尾长 7.5~8厘米

尖鼠类的生活

○ 短尾尖鼠生活在北美东部森林的落叶深处。能捕杀较自己体型数倍大的鱼，是因为它有毒。

超微尖鼠
Sorex minutissimus
体长 3.8~5厘米
尾长 2~3厘米

○ 分布在日本、桦太等处的日本尖鼠，大都生活在森林而非草原。体型虽小，但擅长挖掘洞穴，与鼹鼠一样在地下掘隧道。

仔细看

尖鼠中体型最小的是超微尖鼠，体长只有3.8~5厘米，为最小的哺乳动物之一。

■袖珍动物辞典

尖鼠

●哺乳纲 ●食虫目 ●尖鼠科

嘴尖细长，体型与小鼠相似，为哺乳类中最小型的动物之一。生活在森林、牧场、田地等潮湿的地方。

因体型很小，体力的消耗也大，为了补充体力，每天必须摄食与自身体重等重的食物。嗅觉灵敏、行动敏捷，有利于捕食。尖鼠科约有250种。

○ 水尖鼠擅于游泳，扭转身体向前进，而用后脚来控制方向。主要食物为水生昆虫及虾、螃蟹、鱼、青蛙等。

白腹香鼩鼱
体长6.4~9.5厘米
尾长4~5厘米
学名 *Crocidura leucodon*

鼩鼱耐得了饥饿吗？

  白腹香鼩鼱又名白腹麝鼩。

  尖鼠大都生活在寒冷地区，而鼩鼱则分布于温暖地带，适应其周围的各种环境。

  鼩鼱的生活情形和尖鼠大致相同，白天、夜晚都外出活动。食量相当大，但却能禁得住短时间的挨饿，而不像尖鼠那样不耐饥饿。

[食物]

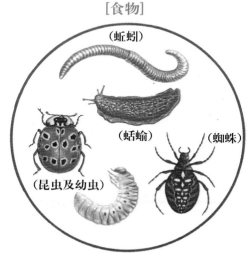

（蚯蚓）

（蛞蝓）

（蜘蛛）

（昆虫及幼虫）

● 鼩鼱的生活

● 仔细看

幼鼠于生后三周左右的保育期内，当移动时，会咬住其他只的尾巴基节，排成一列随母鼠行走。

装甲鼩鼱
Scutisorex somereni
体长 13.5~15.5厘米
尾长 7.5~8厘米

● 鼩鼱的种类

欧洲香鼩鼱（中麝鼩）
Crocidura russula
体长 6.4~9.5厘米
尾长 3.3~4.6厘米

● 非洲的装甲鼩鼱的脊椎骨粗而强壮，被认为是为了适应生活在岩石地区的结果。

婆罗洲水鼩鼱
Chimarrogale phaeura
体长 9厘米
尾长 8厘米

鼹鼩鼱（短尾鼩）
Anourosorex squamipes
体长 8.5~10厘米
尾长 1~1.7厘米

（装甲鼩鼱）

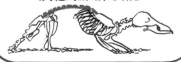

（其他的鼩鼱和尖鼠）

■袖珍动物辞典

鼩鼱

●哺乳纲 ●食虫目 ●尖鼠科

由平地至低山带，无论是草原、旱田地、水田、牧草地、森林等，都广泛有鼩鼱的踪迹。虽与老鼠相似，但嘴端尖，为极小的哺乳类。行动异常轻巧，由腹部发出味道极强烈的分泌物。猫头鹰和蛇等是它们的天敌。据推定寿命有一年余。

欧洲鼹鼠 体长 11.5~17厘米

学名 *Talpa europaea*

🔣 鼹鼠为什么适于在地下生活？

　　鼹鼠是食虫类中，适合地下生活的动物。

　　为了适于土中的生活，身体呈圆筒型，鼻头尖，眼睛退化而埋入毛中；前脚呈铲状，在全身的比例中显得极大，适于掘土。

[食物]

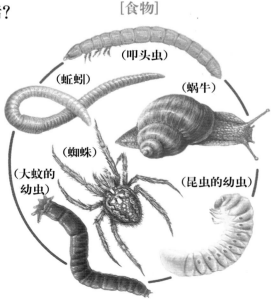

（叩头虫）

（蚯蚓）

（蜗牛）

（蜘蛛）

（大蚊的幼虫）

（昆虫的幼虫）

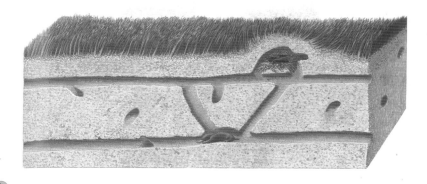

仔细看

[欧洲鼹鼠的隧道和鼹鼠土堆]

隧道像网目般的布置，扩大隧道的某一部分，里面铺上草及树枝，筑成一个30平方厘米的巢穴。一只鼹鼠的隧道约450~2200平方米，遇有其他的鼹鼠入侵便将它赶走。

● 鼹鼠的生活

[适于地下生活的鼹鼠之体型]

- 身体为了便于在隧道内前进而呈圆筒型，毛似丝绒般。

- 眼睛因不用而退化，深埋于毛中。

- 鼻子——嗅觉极灵，有代替眼睛的功用，嘴端突出。

- 以后脚踢土而向前进。

- 前脚大而有力，如铲子般，用来掘土。

- 鼹鼠会储存粮食——蚯蚓：只咬住头部，而将数百、数千条的蚯蚓塞入土穴中。

- 鼹鼠每天要吃与自身体重相等的蚯蚓而过活。

● 鼹鼠的种类

俄罗斯鼹鼠
Desmana moschata
体长 18~21.5厘米
尾长 17~22厘米

星鼻鼹鼠
Condylura cristata
体长 12~13厘米
尾长 6.5~8.4厘米

台湾鼹鼠
Talpa insularis
体长 11~14厘米
尾长 1.2~1.5厘米

美洲鼩鼹
Neurotrichus gibbsi
体长 8~10厘米
尾长 3.3~4.2厘米

日本鼩鼹
Urotrichus talpoides
体长 8~10厘米
尾长 2.5~4厘米

■袖珍动物辞典

鼹鼠

●哺乳纲 ●食虫目 ●鼹鼠科

主要生活在平地的森林、旱田地、牧场、庭园等土地肥沃的地方。虽有时会于夜间到地上来，但仍以地下生活为主。因此眼睛小而视觉几乎等于零；反之，听觉、触觉、嗅觉都非常灵敏。

不冬眠，因为能捕食大量的害虫，所以对人们有益；又因为它们常在田地里乱挖隧道，所以也是有害的动物。

天敌为猫头鹰、鼬鼠、浣熊、猫、蝮蛇等。

日本山鼹鼠
Talpa mizura
体长 8.5~11厘米
尾长 2~2.5厘米

俄罗斯鼹鼠 | 体长18~21.5厘米 尾长17~22厘米
学名 *Desmana moschata*

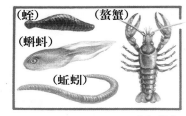

（蛭）　（螯蟹）
（蝌蚪）
（蚯蚓）

[食物]

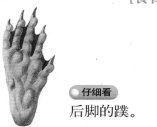

● 仔细看
后脚的蹼。

❓ 俄罗斯鼹鼠生活在地下还是水中？

俄罗斯鼹鼠是适于生活在水中的鼹鼠，分布在俄罗斯的乌拉尔、顿河和伏尔加河等大河的岸边。能在水边挖掘20米深的隧道，隧道入口在水中。

星鼻鼹鼠 | 体长12~13厘米 尾长6.5~8.4厘米
学名 *Condylura cristata*

❓ 星鼻鼹鼠擅于游泳吗？

星鼻鼹鼠是拙于挖掘洞穴的鼹鼠，但却非常擅于游泳。具有独特的唇端，便于在水深处找寻水生昆虫、蚯蚓、虾和贝类食物。星鼻鼹鼠的巢与普通鼹鼠的巢大致相同。

● 仔细看
星鼻鼹的唇端适合在水中将泥土拨开。

[食物]

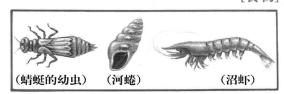

（蜻蜓的幼虫）　（河蚌）　（沼虾）

马来鼯猴 | 体长38~42厘米 尾长22~27厘米

学名 *Cynocephalus variegatus*

鼯猴是怎样进行滑翔的?

鼯猴身体两侧的皮肤延伸成薄膜状，可在空中滑翔。乍看与鼯鼠很像，但实际上是介于食虫类(尖鼠等)及翼手类(蝙蝠)之间的动物。只分布在亚洲东南部，白天睡觉，晚上才外出猎食，食物为水果。由高树上展开体侧的薄膜而滑翔，可滑翔约60米的距离。有菲律宾鼯猴及马来鼯猴两种。

[食物]

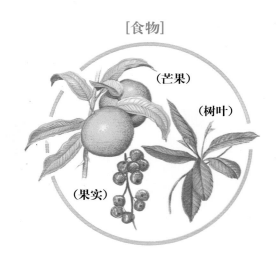

(芒果)

(树叶)

(果实)

鼯猴的生活

○ 完全属夜行性，白天两肢攀挂在树枝上睡觉。
毛色与长在树枝上的苔藓相似，呈保护色。

○ 天黑时在树间滑翔，寻找果实吃。

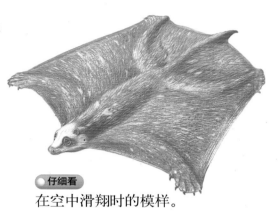

仔细看
在空中滑翔时的模样。

○ 通常一胎生一仔，因胎儿发育尚未成熟时便生下来，所以有一段时期婴儿得紧靠着母亲的胸前生活。

仔细看
下颚门齿状若梳子，可能是为了便于撕碎食物以及梳理毛皮。

■袖珍动物辞典

猫猴

●哺乳纲 ●皮翼目 ●鼯猴科

虽如蝙蝠般地倒挂在树上，但不能飞，只能像飞鼠那样地滑翔而已。其脸相虽像狐猴，但也非猴类，在分类学上的地位还不明确。现将其置于食虫目及翼手目(蝙蝠类)中间的一目。
飞膜由皮肤延伸而成，因此前后脚和身体侧部连在一起，属植食性动物。

欧洲家蝠 | 体长4~5厘米
展翼长17~18厘米

学名 *Pipistrellus piplstrellus*

🔧 蝙蝠是由什么进化而来的?

蝙蝠是哺乳类中，不仅滑翔，且真正会飞行的一种，与食虫类的尖鼠和鼹鼠有类缘关系，被认为是由在树上捕食飞翔在空中的昆虫的食虫类进化而来的。

依食性，蝙蝠可分为以果实为主食的大翼手类及以昆虫为主食的小翼手类。

在此以家蝠为代表加以说明，它属于小翼手类，因属夜行性动物，身体变得非常适于在黑暗中生活。

能如同雷达般地发出超音波，依据其反响作用采取行动。

[食物]

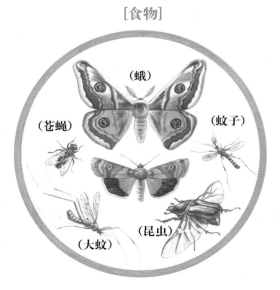

(蛾)

(苍蝇)

(蚊子)

(大蚊)

(昆虫)

[蝙蝠的身体]

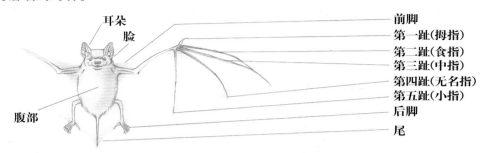

耳朵
脸
前脚
第一趾（拇指）
第二趾（食指）
第三趾（中指）
第四趾（无名指）
第五趾（小指）
后脚
尾
腹部

● 蝙蝠的生活——雷达的利用方法

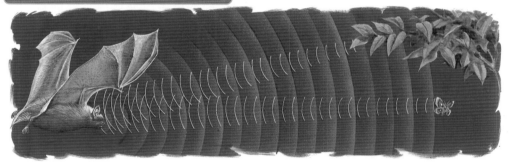

蝙蝠主食昆虫。在夜晚捕食时，由口和鼻发出四万八千至十万频率的超音波，而后用耳朵接收回音，加以捕食。

每秒发出几十次的超音波，依其回音，使对于存在周围的障碍物，好像有眼睛看到般，传达到脑部知觉。在超音波发射可到达的范围内，如有昆虫侵入，则马上冲过去捕食，这是鸟类绝对无法办到的。此外，蝙蝠又可在瞬间转变方向。

● 仔细看

蝙蝠振动声带，断断续续发出超音波，其频率之高，非人耳所能感觉得到。

蝙蝠的耳朵为了接收超音波的回音，其构造十分复杂且发达，耳珠及迎珠都很大。

迎珠　耳珠

● 蝙蝠的生活

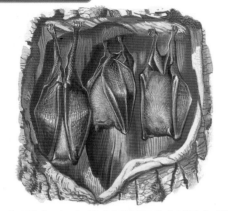

○ 白天在人家的屋顶里或树洞内倒挂着睡觉。(蹄鼻蝠)

○ 白天沉睡的蝙蝠，至黄昏时飞出巢外捕食昆虫，然后回巢，回巢后又再外出觅食。如此，一晚来回数次，至黎明时才回巢睡觉。(家蝠)

○ 捕捉到大昆虫时，会以飞膜卷住而边飞边吃。(家蝠)

○ 喝水时，飞至几乎碰到水面的高度，掬水而喝。(家蝠)

○ 后脚极弱，无法停在树枝上，也无法站立在地上，但会使用前脚爬行。(家蝠)

○ 一般都认为蝙蝠不会游泳，但曾有人看见它会浮在水面上，将翼如桨般的摆动而前进。(家蝠)

56

蝙蝠在休息时，不能维持一定的体温，乃属于变温动物之类。

因此在寒冷季节里，会迁移到有人住的暖和地区冬眠。

但即使在冬眠中，如该场所太热或太冷而不适合其越冬时，会迁移到适当的地方。（大鼠耳蝠）

[婴蝙蝠]

冬眠后的六、七月左右，生产1~4只婴蝙蝠。婴蝙蝠眼睛未张开，也还未长毛，呈裸体状。

雌蝙蝠即使在飞行中，也会让稚蝙蝠抓住其腹部；或是外出猎取食物时，幼蝙蝠也会用爪抓紧母亲的毛，以免掉下去。（家蝠）

● 蝙蝠的种类

心鼻蝠(非洲假吸血蝠)
Cardioderma cor
体长 4厘米

[狐蝠类]——以果实为主食的蝙蝠

印度狐蝠
Pteropus giganteus
体长 20~30厘米
展翼长 120厘米

长舌蝠
Glossophaga soricina
体长 4厘米

邵氏长鼻蝠
Leptonycteris nivalis
体长 5厘米

大鼠耳蝠
Myotis myotis
体长 8厘米
展翼长 37厘米

● 为家蝠的同类，但伸长舌头主食花蜜。

矛鼻蝠
Phyllostomus hastatus
体长 7厘米

长翼蝠
Miniopterus schreibersi
体长 6厘米

大犬蝠
Eumops perotis
体长 6厘米

[小蝙蝠类]——以昆虫为主食的蝙蝠

大蹄鼻蝠
Rhinolophus ferrumequinum
体长 6~8厘米

兔蝠
Plecotus auritus
体长 5厘米

牛头犬蝠
Noctilio leporinus
体长 7厘米

吸血蝠
Desmodus rotundus
体长 8厘米

欧洲宽耳蝠
Barbastella barbastellus
体长 5厘米

■袖珍动物辞典

蝙蝠

●哺乳类 ●翼手目

是哺乳类中唯一能飞的动物。约6500万年前，新生代刚开始的时候，由生活在树上的食虫类的祖先分化出，朝飞行方向进化而来。蝙蝠使用翅膀飞行，与飞鼠和猫猴的"滑翔"不同。前脚的腕骨和趾头形成骨架，其间的皮肤延长成翅膀，其他的部分则与食虫类相近。5000万年前的化石与现存种类的形态非常相似。

印度狐蝠 | 体长 20~30厘米

学名 *Pteropus giganteus*

❓ 谁被称为"飞翔的狐狸"？

狐蝠类的体型通常比主食昆虫的蝙蝠更大。其中以马来狐蝠为最大，体长达35厘米，飞膜一张开，甚至达1.5米。

主食果实及花蜜，有大型眼睛，外表很像狐狸，因此亦被称为"飞翔的狐狸"。

[食物]

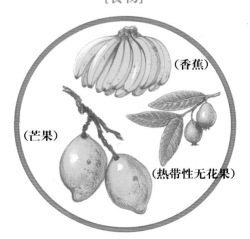

（香蕉）

（芒果）

（热带性无花果）

● 狐蝠的身体特征

● 仔细看
大眼，无耳珠，第二趾有指甲。

● 大部分的狐蝠并不住在洞穴内而是生活在树上，白天在树枝上排列着睡觉，黄昏时便起飞寻找果实。

● 各种狐蝠（脸部）

马来狐蝠（红颈狐蝠）
Pteropus
vampyrus

大头管鼻果蝠
Nyctimene
cephalotes

锤头果蝠
Hypsignathus
monstrosus

■袖珍动物辞典

狐蝠

●哺乳纲 ●翼手目 ●狐蝠科

狐蝠主食果实和花蜜，与主食昆虫的蝙蝠比较之下，狐蝠为较原始型的种类，耳朵无耳珠，前脚第二趾有指甲。
其中以马来狐蝠体型最大，翼张开时可达1.5米以上，群体生活在森林或果树园里，饲养容易且易被驯化，常被捕捉当烹饪的材料。此外，还有雄的头部大、脸部很像马脸的锤头果蝠，和舌头与身体一样长的长舌蝠，都属于狐蝠的同类。

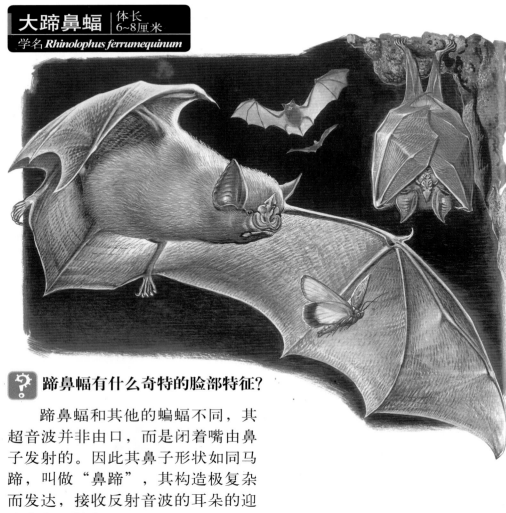

大蹄鼻蝠 | 体长 6~8厘米

学名 *Rhinolophus ferrumequinum*

❓ 蹄鼻蝠有什么奇特的脸部特征？

　　蹄鼻蝠和其他的蝙蝠不同，其超音波并非由口，而是闭着嘴由鼻子发射的。因此其鼻子形状如同马蹄，叫做"鼻蹄"，其构造极复杂而发达，接收反射音波的耳朵的迎珠也大且发达。

　　蝙蝠有此特殊的知觉能力，因此其鼻子及耳朵的构造特化，变成奇妙的脸部。具有此奇特脸部特征的同类有很多。

今泉氏蹄鼻蝠（脸）
Rhinolophus imaizumii
体长 5厘米
展翼长 25厘米

[蹄鼻蝠的脸及鼻子的模样]

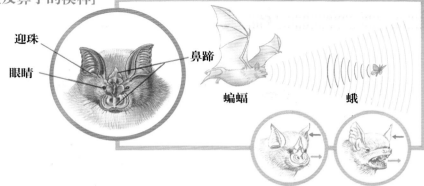

迎珠
眼睛
鼻蹄
蝙蝠
蛾

蹄鼻蝠
→ 超音波
← 反射音

其他的蝙蝠
→ 超音波
← 反射音

仔细看

蹄鼻幅闭着嘴，由鼻子发射超音波，用耳朵收取反射音。因此其鼻蹄大而复杂，下半部为马蹄形，借着脸部的移动，向四周发射超音波。

各种蝙蝠的脸部

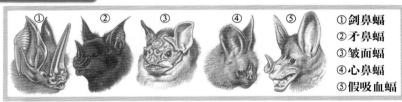

①剑鼻蝠
②矛鼻蝠
③皱面蝠
④心鼻蝠
⑤假吸血蝠

• 今泉氏蹄鼻蝠是在琉球西表岛发现的新种。体毛呈棕褐色，鼻蹄中间有两个如刺般的突起。

群居于钟乳洞及洞穴中，捕食夜行性的昆虫或水生昆虫。

■袖珍动物辞典

蹄鼻蝠

•哺乳纲 •翼手目 •蹄鼻蝠科

属食虫性的小型蝙蝠之一种。小型蝙蝠大都具有怪异的脸，蹄鼻蝠的脸部尤其特别；鼻中央的鼻蹄(皮肤所形成的褶皱)使其脸部成为特异的形状，下半部为马蹄型，因此可将超音波朝一定的方向发射。

单独或雌雄分别行团体生活。黄昏时，起飞时间比其他蝙蝠稍迟，飞行方法如蝴蝶一样地轻飘，一边飞一边捕食空中的蛾、苍蝇或甲虫。

63

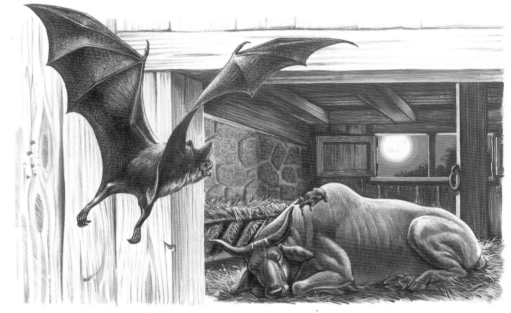

吸血蝠 体长 8~10厘米
学名 *Desmodus rotundus*

🔧 吸血蝠真的会吸血吗?

吸血蝠正如其名，会吸动物(脊椎动物)的血，分布于中、南美洲。

到了夜晚，悄悄地接近目的物，待其熟睡后，便停在其身上咬成一直线的伤口，舐吸其流出的血。

由同一伤口处吸血，可继续吸吮20分钟以上。

因它会成为狂犬病及其他传染病的传媒者，所以是人类和家畜的一大害敌。

🔘 仔细看

正在动物身上吸血的吸血蝠。

吸血蝠的生活

- 这只蝙蝠吸了与自己体重约等重的血，太重了而飞不动。

- 有时因吸了过多的血——约与自己体重相等的血——时，飞不动而在猎物身旁摇晃晃地走。吸血蝠的尾巴与脚之间无飞膜，可以走或跑步。

[常受吸血蝙蝠袭击的哺乳动物]

猪

马　　　　牛　　　　狗　　　　人

门齿
犬齿

仔细看

吸血蝠的上颚门齿很大，如凿子般锐利，很像犬齿；其两侧的犬齿也十分发达。

它便是利用此锐利的门齿在猎物皮肤较柔软的地方咬切。门齿如凿子或剃刀般锐利。

■袖珍动物辞典

吸血蝠

●哺乳纲 ●翼手目 ●吸血蝠科

属小型的蝙蝠类，具吸血性。主食为大型哺乳类的血：先用V字形的上颚切开皮肤，再用舌头舐食；而此时，猎物不会察觉。且当时分泌的唾液，似乎可防止血液凝固。

吸血蝠也会攻击人。翼展开约有35厘米。组成小集团，生活在洞穴，属夜行性。

黑蜘蛛猴 | 体长 50厘米 | 尾长 70厘米
学名 *Ateles paniscus*

❓ 谁是动物里最进化的一群？

猴类（灵长类）在动物世界里是最进化的一群。由和食虫类相似的树鼩到人类，其大小及形状，乃至进化的程度等，变化繁多。

灵长类具有以下几种特征：

①眼眶由骨形成环状，向前方，眼球则更向前方，即左右两眼距离较近，有利于在树上跳跃时的立体视觉。

②因不用鼻子分辨事物，而是靠眼睛，鼻子因而退化。

③大脑特别发达。

④拇指和其他的四指相对，使手或脚成为良好的执握器官，有助于攀爬树枝和拿东西。

⑤前脚除了行走外，可拿取食物和当做各种工具，甚至达到双手万能的程度。

并且，由森林来到草原生活，变成可用双脚步行；尤其是人类，从此开始惊人的进化。

[猴的祖先]

猴子的祖先，大概与现在分布于亚洲森林树上的树鼩很相近。树鼩经数千万年的进化仍未改其姿态，可说是连接食虫类与灵长类之间的重要动物。

● 猴的栖所

● 几乎所有的猴类都生活在热带雨林（森林）里的树上，有些种类甚至可说一生都在树上度过。灵长类中，完全放弃森林生活的，仅有人类而已。

[生活在热带雨林的猴子栖所之分类法]

（非洲）

狷

白眉猴

懒猴

疣猴

须猴

黑猩猩

大猩猩

山魈

[生活在干燥草原的猴子]
狒狒是降至干燥草原区的地面上生活的猴子，成群生活。和斑马及羚羊生活在一起，但有时也会猎食羚羊。

[分布在最北边的猴子]
生活在日本青森县下北半岛的日本猕猴集团，可说是世界上分布在最北边的猴子。冬天，须忍受严寒的冰雪；有些猕猴集团甚至学会利用温泉暖身。

● 猴子至树上生活期间的演变

长臂猿

黑猩猩

[类人猿]

为头脑非常好的猴子，手可相当自由地使用，并且会在树枝间攀爬荡晃。也有的生活在地面上。

人

猕猴

蜘蛛猴

[真猴类]

比原猴类更适于树上生活，两眼可立体视物，休息时上半身可直立地坐下，地上活动的机会愈来愈多。

狒狒

指猴

獭猴

光面狐猴

[原猴类]

较树鼩更适应于树上生活，但还不能称之为真正猴子的原猴类。眼睛为了更立体看事物，左右眼生得较接近。有不少种类前后脚的趾头可以放开，鼻子变小，尤其是指头及眼睛非常进化。

树鼩

（食虫类）

（鼩鼱）

眼镜猴

● 树鼩是食虫类中，演变成树上生活，捕食昆虫维生的动物。树鼩利用钩爪爬树，但还不能抓牢树枝，眼睛大而发达。

68

（环尾狐猴）

猴

● 在树上生活的两件大事

[I抓握——手的进行]

由于有了握物的能力，原猴类由树鼩显著的进化。大拇指和其他指头分开，指爪变扁爪，指头动作灵活，为了防止溜滑，手掌上长出柔软的肉质部分。

● 柔软的肉质部分

[握的方式]

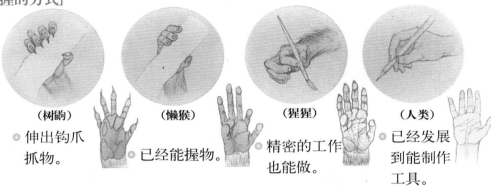

（树鼩）
● 伸出钩爪抓物。

（懒猴）
● 已经能握物。

（猩猩）
● 精密的工作也能做。

（人类）
● 已经发展到能制作工具。

[II视觉的发展]

● 夜猴的眼睛

在树上生活，正确地判断对目标的距离和深度的能力极为重要，但并不需要夜行性动物般发达的嗅觉。因此，猿猴的进化历史，也可说是视觉的进化历史。直到能立体地看东西，分辨色彩时，头骨的构造也因此而改变。

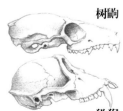

树鼩

猕猴

● 随着视力的发达，指挥视力的脑部也随着变大。

树鼩　　光面狐猴　　日本猕猴

● 树鼩的视界虽广，远近感却不正确，至猕猴类眼睛进化到利用两眼可立体视物的程度。

● 眼镜猴的眼窝。为了保护重要的眼睛，头骨里面，有容纳眼睛的大窟窿。

树鼩

体长 15~20厘米
尾长 15~20厘米

学名 *Tupaia glis*

谁是猿猴最原始的同类？

树鼩在马来语中的意思是"小而敏捷的动物"，曾被误认为是树上的松鼠；但实际上，它是猿猴的同类，而且是最原始的同类——接近灵长类祖先的动物。

眼窝——容纳眼球的骨头洼洞——后面有皱褶，是灵长类的特征，树鼩的眼窝也不例外；但它又同时具有捕食昆虫、鼻子凸出的食虫类特征，故被认为是从食虫类进化到人类阶段的代表性动物——活化石。

[食物]

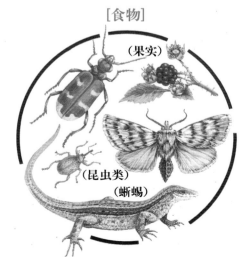

（果实）

（昆虫类）

（蜥蜴）

● 树鼩被称为"活化石"的原因

[和食虫类相似的地方]

鼻吻突出，鼻端湿润。嗅觉和食虫类一样敏锐，依赖嗅觉的成分尚多。

手指的大拇指和其他指头尚未明显的分离。

[身为原猴类的特征]

眼睛大，夜行性的种类尤其更大；头骨内，容纳眼睛的窟窿，由骨头包围着。

即使不能完全握物，趾头比其他食虫类更能伸张，并伸出趾爪抓住树枝。

● 树鼩的生活

● 树鼩在树上，迅速捕食飞翔中昆虫的情形。

● 也能到地上，翻开石头，伸长舌头，捕食栖息在石头底下的昆虫。

● 树鼩容易激动，性喜争斗，通常和侵入自己领域的同类相争斗。

● 树鼩的种类

羽尾树鼩

● 捕食潜伏在树干窟窿等地的昆虫时，用一只前脚弹起昆虫而捕食。

■袖珍动物辞典

树鼩

●哺乳纲 ●灵长目 ●原猴亚目 ●树鼩次目

灵长类当中，树鼩和后继的狐猴、懒猴、眼镜猴等，都同属于原猴类，而树鼩也是其中最原始的种类，成为灵长类的祖先；距今约6500万年前(新生代初期)已出现在地球上。

有日行性的树鼩和夜行性的羽尾树鼩等。善于在树上活动，几乎被认为是松鼠，因此有松鼠的别称。虽具有长而突出的口吻，但和属于食虫类的种类相比，树鼩的眼睛开始并列，可利用两眼看东西；由此可知其鼻子已开始退化。

①獚狐猴	体长 40厘米 尾长 40厘米
学名 *Lemur mongoz*	

②光面狐猴（大狐猴）	体长 90厘米 尾长 5厘米
学名 *Indri indri*	

③小鼠狐猴	体长 11~13厘米 尾长 12厘米
学名 *Microcebus murinus*	

④节尾狐猴	体长 50厘米 尾长 50厘米
学名 *Lemur catta*	

⑤白背跳狐猴	体长 45厘米 尾长 55厘米
学名 *Propithecus verreauxi*	

狐猴像狐狸吗？

　　狐猴类是原猴类中，比树鼩更能适应树上生活且进化的种类。

　　它们生活在浓密森林中的树上，鼻子尖尖的，和狐狸很像；眼睛往中央集中，由此可知，它们已能用两眼看东西。

[食物]

（香蕉）　（树叶）

（果实）　（花）

獴狐猴

光面狐猴

手

脚

● 属于狐猴的大部分种类，都用四只脚在树枝上走动，但节尾狐猴也常到地上来。以10~15只结群活动，在繁殖期间，雄猴将由手腕发出的引诱雌猴的分泌物涂在自己的尾上，然后把尾巴高高扬起而漫步。

扁爪

钩爪

仔细看
钩爪，可用来整毛搔耳。

● 从手腕分泌的诱引液体，将其涂擦在尾巴上。

● 分布在马达加斯加岛上，天一亮就起来活动的节尾狐猴是昼行性的动物。常在早晨作日光浴。

● 肛门的周围也有臭腺，将其擦在树枝上，划定自己的生活领域。

● 獴狐猴是最原始的狐猴，夜间活动，如树鼩般，捕食昆虫。但是，前脚的趾头宽广，不呈钩爪，而呈扁爪。可用指端抓握树枝。
光面狐猴是狐猴中最进化的种类。总是挺起上身，像人一般可走路，或在树上移动。但是鼻吻仍是突出。手脚十分发达，便于抓握树枝。

● 白背跳狐猴的生活

○ 白背跳狐猴可像袋鼠般跳跃。

○ 在树林间移动时，后脚先伸出，可减少碰撞力。

仔细看

白背跳狐猴，迎着朝阳，张开双臂，作日光浴。手臂的两侧，皮肤伸延成如膜状。

○ 脚长臂短的白背跳狐猴，在地上，用两只脚走路。这个时候，长尾巴可以用来保持平衡。

○ 白背跳狐猴的同类光面狐猴，上身直立，后脚一蹦一蹦地往前进。

■袖珍动物辞典

狐猴

- ●哺乳类 ●灵长目
- ●原猴亚目 ●狐猴超科

从现存的树鼩相似的祖先进化来的灵长类，在以后约1500万年间，表现了明显的适应放散现象。起初的现象可见于现存的狐猴、懒猴、眼镜猴等的原猴类中。其中狐猴仅分布于马达加斯加岛，而在该岛内重复适应放散的种群。乍见体型类似狐狸，鼻子突出，智能不高，几乎全是夜行性。它们以虽不完全但可抓物的四肢，过树上生活，两眼在被毛覆盖的脸部中央、且极为接近。

指猴

体长 45厘米
尾长 55厘米

学名 *Daubentonia madagascariensis*

[食物]

（果实）

（昆虫的幼虫）

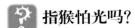

指猴怕光吗?

指猴是原始的原猴类，体态非常特殊。

手的第三指特别细长，用以在枯木上"叩、叩"的敲击，之后，用大耳朵倾听里面虫子的动静。

后脚只有第一趾是扁爪，余皆为钩爪，和鼠型狐猴相同地，有一条毛质厚密的尾巴。

惧光，白天在洞穴中卷曲而眠，入夜则红目炯炯地外出活动。

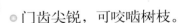
门齿尖锐，可咬啮树枝。

仔细看
只有后脚的大拇趾是扁爪。

■袖珍动物辞典

指猴

●哺乳类 ●灵长目
●原猴亚目 ●指猴科

一属一种，是分布在马达加斯加岛上原猴类中，一种十分特异的种类。一般认为指猴与树鼩有接近的血统关系，外表和松鼠类似，门齿一生都不停的生长。

懒猴（蜂猴）

体长 32~37厘米
尾长 1~2厘米

学名 *Nycticebus coucang*

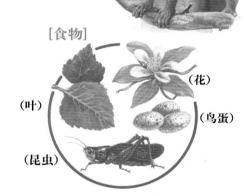

原猴类群行动特别缓慢吗?

　　懒猴类和仅存于非洲的狓类，形成了分布于非洲和亚洲南部的原猴类群。全部是夜行性，眼睛大，向内集中，像慢动作电影一样，慢慢地攀木移动。

○ 树懒猴的前脚没有第二趾。

○ 树懒的后脚。

仔细看

晚上，眼睛的亮光像车灯一样。

[食物]

（叶）

（花）

（鸟蛋）

（昆虫）

细长懒猴

○ 白天，以如左的姿态呼呼大睡。

树懒猴（波特懒猴）

■袖珍动物辞典

懒猴

● 哺乳纲 ● 灵长目
● 原猴亚目 ● 懒猴科

懒猴是原猴类中最为特化的种群。鼻吻短，眼睛奇大，两眼并排。荷兰人就因其滑稽的眼睛，而称之为小丑，这就是懒猴的英名。虽然右页所介绍的狓类，动作敏捷，但懒猴的行动却非常迟钝，真可说是名符其实的懒猴。

粗尾狓

体长 27~47厘米
尾长 33~52厘米

学名 *Otolemur crassicaudatus*

[食物]

（花和花粉）

（果实）

（鸟蛋）

（昆虫）

粗毛狓的长尾巴有什么作用？

不像其他的原猴类一样住在热带雨林，而生活在非洲干燥的灌木林及草丛中。

白天，用长尾巴卷住身体睡觉，晚上则精神抖擞地跳来跳去，寻觅食物。一跃可达4米，也可用两只脚在地上奔跑，它的长尾巴在身体平衡上，是不可或缺的东西。

○ 狓常把耳朵掩起，用尾巴裹住身体卷曲着睡觉；好像怎么吵也吵不醒它似的。

■袖珍动物辞典

狓

● 哺乳纲 ● 灵长目
● 原猴亚目 ● 懒猴科
体型最大的也只有兔子般大小。耳大、尾长，行动非常敏捷。是视觉、听觉、嗅觉都发达的动物。

○ 拥有可跳跃2米高、4米宽的跳跃力。

西里伯眼镜猴
体长 15~18厘米
尾长 22~25厘米
学名 *Tarsius spectrum*

跗猴为什么被叫做眼镜猴?

原猴类中，身体的某个部分特别发达的种类，为数不少；跗猴特别是如此。身体只有松鼠那么大，却有一对巨大的眼睛和卓越的跳跃能力。

跗猴正如它的大眼睛所显示的，是夜行性动物。在树间像青蛙般地跳跃，寻觅昆虫。有时也到地面上来，和跳鼠一样，后脚并拢蹦跳。可跳1至1.5米。

从化石上得知，距今5000万年前，它们也曾居住在北美洲和欧洲。

（飞蜥）

（小鱼）

（蝾螈）

（蟹）

（昆虫类）

[食物]

眼镜猴的生活

- 眼镜猴的头几乎可转动360度。像青蛙一样，可跳跃于树间。

- 降落到地上的眼镜猴，为了保护身体，做如左的动作。

- 生活在靠近河边的树林，或开垦地周围的森林中。白天紧紧地抱住树枝等睡觉，黄昏时分则开始活动。

- 眼镜猴主要在黄昏及黎明时分，各活动两小时。有时还用两脚从水中捞取小鱼、螃蟹等。

眼镜猴　　　人类

仔细看

眼镜猴后脚的两根脚骨，非常细长，跳跃时，能够发挥强大的弹簧作用。

- 常从一棵树跳到另一棵树上，跳跃时，将手脚卷缩；而接近目的树时，手脚伸展，像吸树般停在树上。这个情形，就像子弹的飞射。

■袖珍动物辞典

眼镜猴(跗猴)

- 哺乳纲 ● 灵长目
- 原猴亚目 ● 眼镜猴科

部分专家认为眼镜猴(跗猴)是介于原猴类和真猴类之间的动物。两只大眼睛于正面并排着。嗅觉退化，故鼻头并不湿润。具有大耳壳，可知其感觉作用端靠视觉和听觉。四肢除了大拇趾和其他手趾相对向之外，还有肉趾可帮助牢牢抓住树枝。如此已具有接近真猴类的适应特性。

黑手蜘蛛猴 | 体长 34~59厘米 | 尾长 61~92厘米
学名 *Ateles geoffroyi*

[食物]

（水果）　（果实）

（昆虫）

（鸟蛋和雏鸟）

蜘蛛猴的"第五只手"是什么？

　　新世界猿猴中，最能适应树上生活的，是蜘蛛猴等被称为卷尾猴的族群。如黑手蜘蛛猴又叫中美卷毛猴

　　蜘蛛猴的尾巴十分发达，故有"第五只手"之称，甚至可用来摘取小果实。

　　此外，蜘蛛猴的手没有大拇指，因此，用手钩住树枝，悬吊在那儿。利用手腕度行的技术高明，几乎不亚于旧世界猿猴的长臂猿。

● 蜘蛛猴的生活

● 用前脚在树枝间攀越的母猴和幼猴。

● 尾巴的前端，有类似指纹般的皱纹，像用手触摸一样，可以感觉东西的质感，也可以自由自在地摘取果实等。

（仔细看）

蜘蛛猴的手没有第一趾，同时，第二趾到第五趾的爪呈扁爪，故用尾巴握物，前脚是用来钩吊的。

红吼猴
体长57厘米
尾长60厘米

学名 *Alouatta seniculus*

❓ 吼猴为什么要发出鸣声？

吼猴乃是与蜘蛛猴相近的同类。因喉咙有共鸣囊，会发出独特的鸣声，在森林中产生回音。

分布在亚马逊河下游的大森林，且常年栖息在30~40米的树上，很少到地面上来。结群而居，鸣声似乎是用作信号的。具有大拇指，是和蜘蛛猴不同的地方。

■袖珍动物辞典

蜘蛛猴

● 哺乳纲 ● 灵长目

● 真猴亚目 ● 广鼻猴次目 ● 卷尾猴科

和原猴类比较，多数种类体型大，牙齿数目减少，鼻和口吻部缩短，同时脑部增大。蜘蛛猴乃属于广鼻猴的种类，是新世界猴类中，最为进化的卷尾猴群(卷尾猴种)中的一种。一次产一仔，具有第三臼齿，爪皆为扁爪，体型大。对树上生活有特殊适应能力外，下到地面时，也能以两脚直立步行。纵使在白天，以小群各行活动，但到了晚上，也一定以几十头的族群聚集在一个固定的场所睡觉。如此可略知发展社会性的进化过程也是蜘蛛猴的特征之一。

夜猴

体长 35 厘米
尾长 50 厘米

学名 *Aotus trivirgatus*

（果实和种子）（昆虫）（蜥蜴）（蜘蛛）（青蛙）（蜗牛）　[食物]

夜猴在夜里还有视觉吗？

在中美洲和南美洲的猿猴中，夜猴可说是最原始的猿猴。其他的猿猴全为昼行性，唯有夜猴是夜行性。

在夜晚一片漆黑中，夜猴的行动不仰靠听觉或触觉，而几乎仅靠视觉。在黄昏和黎明时分最勤于觅食。尤其是黎明时，会发出独特的叫声，喧闹不已。

和蜘蛛猴等新世界猿猴中最为进化的猿猴相比，夜猴仍然保有原猴类的特征。

- 夜猴选定一个固定的树洞筑巢，白天在洞内睡觉。以雄雌一对，及两只幼猴形成家族单位而生活。

白颈伶猴

体长 40~50厘米
尾长 40~45厘米

学名 *Callicebus torquatus*

蜘蛛猴

夜猴

原猴类

- 夜猴为了捕食昆虫，具有相当发达的跳跃力。

❓ 伶猴成对生活吗？

伶猴和夜猴有相近的血缘关系，特征也与夜猴类似，但是伶猴是昼行性的种类。

坐姿如左上图，从这样的姿势，突然跃起逃走或捕食猎物。雌雄成对生活，是杂食性。

[夜猴的特征]
夜行性的夜猴在新世界的猿猴中，是最原始的动物。它介于原猴类和最进步的蜘蛛猴中间。眼睛奇大，前脚比后脚短，捕食昆虫，咬嚼昆虫而后杀之等，都是夜猴的特征。

■袖珍动物辞典
夜猴、伶猴
●哺乳纲 ●灵长目
●真猴亚目 ●广鼻猴次目 ●卷尾猴科
夜猴和原猴类血统相近，除了夜行性外，拥有很多和原猴共同的特征。但夜猴不像原猴类一样单独行动，从以雌雄成猴加上幼猴的家族单位行动这件事，可知其已进化为稍具社会性的广鼻猴。伶猴的雌雄成猴之间有高度的亲密性，其距离从不超过五米以上。经常成对一起行动，而互相以手脚握在一起。或互相梳理毛发、采食等，是从夜行性转成昼行性的猴类。

狨、獠狨、狮狨

狨（短獠牙狨）

侏儒狨

棉冠獠狨

金狮狨

长须獠狨

[食物]

（果实和种子）

（昆虫类）

（鸟蛋）

（树叶）

🔍 狨比蜘蛛猴还原始吗？

狨是新世界猿猴中，比蜘蛛猴更为原始的族群。

至于牙齿，只有上下两对臼齿。爪不是扁爪；与它同类的其他动物，几乎全是除了脚的大拇趾外，其余都是钩爪形的扁爪。此外，一次产2仔。

雌猴比雄猴好斗，婴猴出生数周后，即由雌猴抚养。

狨的食性依其种类而异，部分种类捕食昆虫，也有食用植物和杂食的种类等。

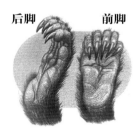

仔细看

狨和獠狨的门齿大小不一样。

犬齿　门齿　犬齿

狨

犬齿　门齿　犬齿

獠狨

后脚　　　　前脚

仔细看

狨的爪大都呈钩爪状，竖起爪时可抓住树枝但不能握东西。

○ 生活于热带雨林的树冠部位和蔓性或寄生植物的附近地区。

果狄氏狨猴
Callimico goeldii
体长 27厘米
尾长 30厘米

○ 果狄氏狨猴是20世纪90年代首次被发现的珍奇猴类。具有第三臼齿及一次产一仔的特征，与蜘蛛猴相同；但是前脚的爪和狨相同。

○ 小猴子初生下来的三星期由母猴照顾，以后归父猴照顾。

■袖珍动物辞典

狨、獠狨、狨猴

● 哺乳纲　● 灵长目
● 真猴亚目 ● 广鼻猴次目 ● 狨科

体型如松鼠猴般小。由牙齿及爪的形态，可借以和广鼻猴中的卷尾猴类区别。虽有尾巴，但无把握物品的能力。属昼行性，生活于树上。若就下颚门齿的长度，可分为长獠牙狨属及狨猴属两属。

金狮狨和狨经常被当做宠物饲养，而侏儒狨体长只有16厘米、尾长18厘米，是体型最小的猴子。

绒毛猴

体长 50~60厘米
尾长 60~70厘米

学名 *Lagothrix lagothricha*

绒毛猴只生活在树上吗?

绒毛猴是与蜘蛛猴相近的同类,能够很巧妙地使用称为"第五只手"的尾巴。

组成集团只生活于树上,性情温和,不相争生活领域。

在树上仔细观察四周动静而行动,在没有确实抓紧树枝之前,不会向前行进。

● 能跳至10米远外的树上。

● 绒毛猴的生活

● 成猴为了让幼猴渡到另一棵树而自身扮作桥梁。

● 睡觉时紧抓着树枝,尾巴将身体缠绕住。

● 吃东西时的动作。

■袖珍动物辞典

绒毛猴

●哺乳纲 ●灵长目 ●真猴亚目
●广鼻猴次目 ●卷尾猴科

生活在树上而极少下到地面来。身体轻巧、常在树枝间灵活穿梭跳跃,动作慎重,为智慧较高的猴类。约二十只左右群居生活,一次产一仔。

[食物]

● 在地上,能用尾巴支撑着两脚而行走。

松鼠猴

体长 30厘米
尾长 40厘米

学名 *Saimiri sciureus*

[食物]

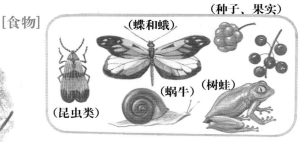

（蝶和蛾）
（种子、果实）
（蜗牛）（树蛙）
（昆虫类）

🔍 五百多只松鼠猴一起生活吗？

松鼠猴的体型很小，容易与人亲近，在亚马逊河河边常见其踪迹。

树冠部分在筑巢，并如水流般地时时迁移；群体生活，其群有时由五百只以上的猴子组成，但并无社会生活。

○ 生活在河边森林的树冠部位及其周围，因为此处的果实和昆虫较多。有时由五十米高的树上下到地面。

■袖珍动物辞典

松鼠猴

●哺乳纲 ●灵长目 ●真猴亚目
●广鼻猴次目 ●卷尾猴科

具有长而粗大的尾巴，几乎占全身长的三分之二，但并无抓握物品的能力。为昼行性，天一亮便嘈杂一片，集体外出觅食。整天几乎毫不休息地活动、迁移。但遇有危险时，便静悄悄地在树上移动。在中、南美的森林中常见到其踪迹。可饲养为宠物，一次产一仔。

○ 松鼠猴会用手指仔细地梳理体毛，有时会把自己的小便擦在毛上。

①红秃猴	体长 40~45厘米 尾长 18厘米
学名 *Cacajao rubicundus*	

②白秃猴	体长 40厘米 尾长 15厘米
学名 *Cacajao calvus*	

秃猴的额头会变颜色吗?

　　秃猴在新世界猴类中具有奇特的脸。额头宽广，不长毛，平时为玫瑰色，兴奋时会立刻转成红色，生病时则会变得苍白。

　　身体约有猫大，尾长不到10厘米，但同类的狐尾猴则有长着密厚毛的尾巴。

[食物]

（种子和果实）

（树叶）

（小鸟）

（蜥蜴）

[热带雨林的景观]

　　高度37~52米的地方，森林上部树冠部分却有寄生植物及蔓性植物，形成草丛。高度23~30米的地方，树冠上的叶子繁盛。因此，阳光几乎都在此被遮断。森林四周，着生植物、寄生植物、蔓性植物密生，光线完全透不过去。此三部分为产于中南美洲的猴类的活动范围，人和外敌几乎无法进入，而果实和各种大小昆虫都很多。

● 禿猴的生活

● 迁移时，发挥最好的跳跃能力，由此树跳至彼树。平时在树上四肢着地，慢慢地移动。

● 有时会倒挂在树上，究竟是何原因，至今仍不知道。

仔细看

有时也会在地上用两脚行走，两手则高举来取得平衡。

仔细看

狐尾猴的走路姿态。

白面狐尾猴
Pithecia pithecia
体长 37 厘米
尾长 36 厘米

● 有一身厚密的毛及长尾巴。

■袖珍动物辞典

禿猴、狐尾猴
● 哺乳纲 ● 灵长目
● 真猴亚目
● 广鼻猴次目 ● 卷尾猴科
禿猴在树上群居生活，动作非常敏捷。其近缘同类的狐尾猴以果实为主食，但其生活情形至今尚不明。

红尾须猴

体长 45厘米
尾长 60厘米

学名 *Cercopithecus ascanius*

（树叶）
（果实）
（花）
[食物]

须猴长着各种怪异的脸吗?

分布于非洲地区的须猴有各种怪异的脸。大部分种类在热带雨林营树上生活，小部分种类则在干燥草原营地上生活。

手可相当灵巧地抓握物品；尾巴比身体更长，有助于在树上行走时保持平衡。

[须猴类的栖所]

树林的上面部位

树林的中间部位

树林较低之处

赤猴(草原)

黛安娜须猴
白眉须猴
红尾须猴
红额须猴
侏儒须猴
绿须猴

黛安娜须猴
Cercopithecus diana
体长 60厘米
尾长 70厘米

绿须猴
Cercopithecus aethiops
体长 45厘米
尾长 50厘米

红额须猴
Cercopithecus neglectus
体长 55厘米
尾长 50厘米

赤猴
Erythrocebus patas
体长 70厘米
尾长 70厘米

红须猴的生活

- (上)须猴非常疼爱幼猴，幼猴一哭，不只母猴，其他的猴子也会跑来抚慰它。
(中)须猴能适应高树上的生活，距离很远的树也能跳过去。
(下)冠毛熊鹰是须猴最惧怕的敌人，它在密林里常无声无息地飞过来偷袭。

侏儒须猴
Miopithecus talapoin
体长 40 厘米
尾长 50 厘米

白眉须猴
Cercopithecus mona
体长 45 厘米
尾长 55 厘米

[新世界猴类和旧世界猴类的差异]
（鼻子的形状和大小）

新世界猴
（蜘蛛猴）

旧世界猴
（日本猕猴）

● 仔细看

新世界猴类的鼻孔成圆形，我们称之为"广鼻猴"；旧世界猴类的鼻孔狭小而互相紧连着，我们称之为"狭鼻猴"。

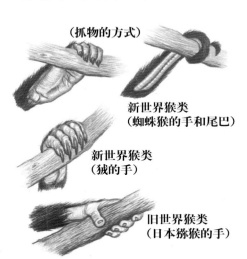

（抓物的方式）

新世界猴类
（蜘蛛猴的手和尾巴）

新世界猴类
（狨的手）

旧世界猴类
（日本猕猴的手）

● 仔细看

分布于新世界猴类的第一指与其他四指无法相对，因此无法完全抓住树枝，反之其尾巴特别发达。分布于旧世界的猴类，其手和人类相似，第一指分离，因此可以抓物。

赤猴

体长 60~87厘米
尾长 50~75厘米

学名 *Erythrocebus patas*

赤猴在遇到危险时会怎么做？

赤猴为须猴的同类，极适于草原上的生活。手、脚修长，指头短，比抓握物品更适于跑行。

一只雄猴及20~30只雌猴成群生活，雄猴常在周围守卫着。

无狒狒般的大獠牙，遇到危险时，即使有树也不爬上去，只是拼命逃跑而已。

[食物]

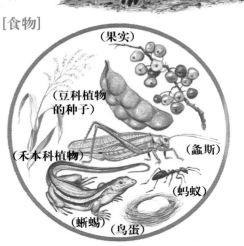

（果实）

（豆科植物的种子）

（禾本科植物）

（螽斯）

（蚂蚁）

（蜥蜴）

（鸟蛋）

● 仔细看

在高原中，能站立以瞭望远处的情形，尾巴着地来支撑身体。

■袖珍动物辞典

赤猴

●哺乳纲 ●灵长目
●真猴亚目 ●狭鼻猴次目
●猕猴科 ●猕猴亚科

除了夜晚就寝及白天休息时爬到树上外，平时大都在地面觅食。单雄性群居生活，雌猴间有顺位优劣顺序。

● 赤猴的手脚细长，适于跑步。可以时速50千米以上的速度奔跑。

日本猕猴
体长 50~60厘米
尾长 10厘米

学名 *Macaca fuscata*

❓ 世界上猴类分布的最北限在哪里？

猕猴是长尾猴中，与须猴及狒狒同属于繁荣至今的猴类。

除了分布于欧洲南部和非洲的北非猕猴以外，其余的生活在亚洲。

猕猴中的日本猕猴和北非猕猴的生活，具有不少相似的地方。由此得知猕猴的祖先过去曾广泛分布在欧洲及亚洲。

灵长类中，除了人类以外，分布在最北端的是日本猕猴。日本青森县下北半岛的猴子，为世上猴类分布的最北限。

● 仔细看

[颊囊]

可将食物储存在颊囊里。

[食物]

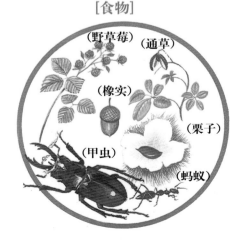

（野草莓）（通草）（橡实）（栗子）（甲虫）（蚂蚁）

● 在风雪酷寒中的日本猕猴。

93

[猕猴的社会结构（以日本猕猴为例）]

副首领　　　　　　　　　　年轻的雌猴群　　　　　　　　年轻的雄猴

首领
雌猴与幼猴的群体

○ 猕猴的社会中，等级划分得非常清楚，有一只首领猴及四至五只副首领，各自严守岗位。

雌猴及幼猴在离首领1~2米处形成轮状，其外侧则由年轻雄猴及副首领守住。如有破坏等级者则当受罚。

[首领的任务]

○ 遇到狗等外敌来袭时，首领要负责击退敌人，并处罚调皮捣蛋者。

○ 移动的时候，首领领先，副首领则殿后保护众猴。

[猕猴的各种动作]

● 食物洗后才食用。

○ 仔细看
[骑威行为]
较强的雄猴骑在较弱雌猴的背上，以示威自己的优位。

● 有时会站着行走。

● 较弱的雄猴将自己的臀部给优位雄猴看。

● 恐吓动作。

○ 仔细看
[修整行为]
互相抓痒和清除身体上的秽物，亲情流露。

● 猕猴的种类

恒河猕猴
Macaca mulatta
体长 47~64厘米
尾长 19~31厘米

北非猕猴
Macaca sylvanus
体长 56~62厘米

● 现存于非洲唯一的猕猴，尾巴极短。在直布罗陀也见其踪迹。由化石的出土分布看来，很明显以前确实生活在欧洲。

● 生活在印度，有时进出于市区，约50只群居而生活，具有攻击性。小儿麻痹用的疫苗大都是利用此猴的肾脏培养而制成的。

猕猴的种类

狮尾猕猴
Macaca silenus
体长 46~61厘米
尾长 25~39厘米

猪尾猕猴
Macaca nemestrina
体长 47~60厘米
尾长 15~25厘米

● 和印度的绮帽猕猴生活在森林深处。

● 分布在缅甸的猕猴。

食蟹猕猴
Macaca fascicularis
体长 40~50厘米
尾长 40~65厘米

● 广泛分布在亚洲南部，生活在大河下游及河口的红树林中，以海滨生物为主食。

[黑猕猴]

外观虽似凶暴，其实性情温和，为介于猕猴和狒狒之间的猴类。生活在西里伯斯岛。现被利用于各种医学上的研究。

■袖珍动物辞典

猕猴

●哺乳纲 ●灵长目 ●真猴亚目 ●狭鼻猴次目 ●猕猴科 ●猕猴亚科

猕猴属为朝地上生活演进的猴类，和狒狒同样生活在岩石上及森林中。一般尾巴有退化的现象。日本猕猴乃除人类外，在灵长类中生活在最北端的猕猴，因而闻名。群体的社会结构与优劣顺位非常明显而严格，智慧也高。

草原狒狒（黄狒狒）	体长 50~110厘米
学名 *Papio cynocephalus*	尾长 50~70厘米

狒狒的组成集团都有谁？

狒狒和猕猴属同是适于地上生活的猴类，只分布在非洲及阿拉伯半岛。多数种类已离开森林地区，而生活在有岩石的干燥草原和半沙漠地区。

由一只或数只的首领及副首领，和雄、雌、幼猴组成集团，栖息在丛树和岩地，过着社会性生活。白天外出觅食，夜间回巢休息。

[食物]

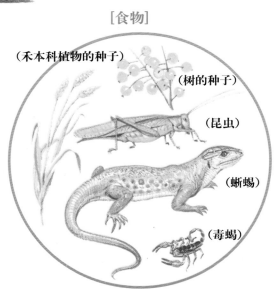

（禾本科植物的种子）
（树的种子）
（昆虫）
（蜥蜴）
（毒蝎）

[各种狒狒的栖所]

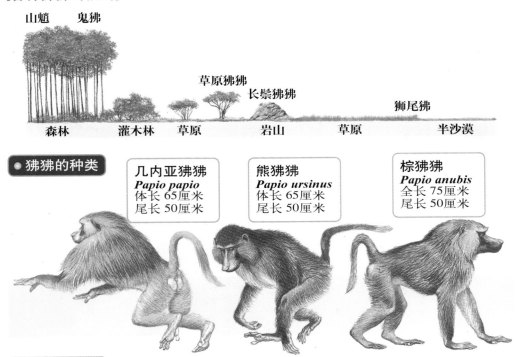

山魈　鬼狒

草原狒狒

长鬃狒狒

狮尾狒

森林　　　灌木林　　草原　　　岩山　　　草原　　　半沙漠

● 狒狒的种类

几内亚狒狒
Papio papio
体长 65厘米
尾长 50厘米

熊狒狒
Papio ursinus
体长 65厘米
尾长 50厘米

棕狒狒
Papio anubis
全长 75厘米
尾长 50厘米

● 狒狒的生活

○ 移动时，以雌、幼狒和首领为中心，其他的雄狒则围在外围而向前行进。遇到豹等敌害，首领便领头迎战。

● 仔细看

狒狒在遇到敌人时，先展示其锐利而长的獠牙予以恐吓，如对方还不退缩，便开战火。雄狒的獠牙越大地位越高。

草原狒狒虽与其他动物共存于干燥草原上，但有时会袭击羚羊或野兔，而捕食其幼兽。

仔细看

雄性狒狒臀部上的胼胝是左右相接，而雌性的则左右分离。

雄

雌

长鬃狒狒（雄）
Papio hamadryas
体长 70~95厘米
尾长 42~60厘米

长鬃狒狒生活在非洲东北部。由一只雄狒和数只雌狒组成集团而生活。雌狒无鬃毛。

■**袖珍动物辞典**

狒狒

●哺乳纲 ●灵长目 ●真猴亚目
●狭鼻猴次目 ●猕猴科 ●猕猴亚科

初生下来的婴兽，鼻头和其他的灵长类一样短，但随着身体的成长，会变得细长而突出。狒狒类可分三个属及若干种，然其血缘关系甚为接近，种间可以相互交配。非洲的草原狒狒由三十至五十只左右组成集团，保持明确的社会关系而生活于干燥草原中，擅于爬树。长鬃狒狒则生活在半沙漠附近的多岩石地区，从不爬树。

①山魈	体长 80厘米 尾长 5~8厘米
学名 *Papio sphinx*	

②鬼狒	体长 80厘米 尾长 5厘米
学名 *Papio leucophaeus*	

③狮尾狒	体长 70厘米 尾长 50厘米
学名 *Theropithecus gelada*	

雄狒和雌狒谁比较重?

鬼狒生活在非洲刚果河北岸的森林地区,而南侧的森林中及稍广阔的岩地上生活的则是山魈。

雄狒的体重约比雌狒重两倍,属杂食性,也吃昆虫。

○ 心情好时,会显露出白牙,向对方表示友好。

○ 生气时,用一只手激烈地敲打地面,且眼睛一直凝视着对方。

[荒地狒]

狮尾狒和山魈相反,生活在半沙漠般的荒地或高山地区。与白眉猴有相近的血统关系,和猕猴亦有类缘关系。喜欢高地的草原及断崖,甚至生活在海拔3000~4000米的高山上。

■袖珍动物辞典

山魈、鬼狒、狮尾狒

●哺乳纲 ●灵长目 ●真猴亚目
●狭鼻猴次目 ●长尾猴科
●长尾猴亚科

山魈的尾巴退化所以非常短,雄魈脸上有鲜明的色彩,这种色彩在臀部及器官周围也可见到。喜群居生活,但其社会结构仍不很清楚。
鬼狒的体型比山魈小,生活情形和山魈相似。
狮尾狒在胸部也有欠毛部位。

黑白眉猴

体长 38~70厘米
尾长 43~76厘米

学名 *Cercocebus aterrimus*

白眉猴的食物储存在哪？

白眉猴与非洲的狒狒、亚洲的猕猴，甚至须猴（长尾猴）都各有相似之处。生活在阴湿的森林中较接近地面的部位，和长尾猴一样，将食物储存于颊囊内。长尾巴在树上能支撑身体，也能卷在树枝上。

仔细看

在树干上将坚硬的果实摩擦，打破后才吃；尾巴有相当强的卷曲力。

（树芽）

（果实）　（树的种子）

[食物]

（油椰子的果实）

● 为了显示力量而嘴唇一张一合地做唇威行为，并且会打呵欠。可发出相当大的声音。

各种白眉猴

白髯白眉猴　　灰髯白眉猴

■袖珍动物辞典

白眉猴

●哺乳纲 ●灵长目 ●真猴亚目
●狭鼻猴次目 ●长尾猴科
●长尾猴亚科

白眉猴具有长尾猴类及猕猴类两者的特征，且不仅是形态，连行动也具有中间性特征。

群体具有其固定的活动领域，每天一边觅食一边在其间活动。群体的内部结构还不清楚。

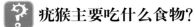

白鬃疣猴

学名 *Colobus guereza*

体长 50~80厘米
尾长 60~100厘米

疣猴主要吃什么食物?

疣猴之类，皆生活在非洲，与亚洲长尾猴类同被称为叶食猴；其食物百分之九十九为树叶。

因树叶的营养含量不高，所以摄取量多，胃的容积也因此很大且特别发达；其他猴子不屑一顾的硬叶子它也能消化。

仔细看

疣猴的手与新世界的蜘蛛猴同样的无第一指，此并非为了攀树，而是为了跳跃至10米以外的另一棵树时，避免钩到树枝而退化的。

■袖珍动物辞典

疣猴

●哺乳纲 ●灵长目 ●真猴亚目
●狭鼻猴次目 ●长尾猴科
●疣猴亚科

疣猴是长尾猴科中二个亚科之一种（非洲有此一属动物居住），后脚很长，尾巴占全身长的一半以上，体表覆有白色和黑色的毛。约二十只组成一个集团，除雄的首领以外，并无顺位之分。

自古以来，就因其毛皮美丽被大量猎杀，现已濒临灭种的危机。

[食物]

（树叶）

长尾叶猴

体长43~79厘米
尾长54~107厘米

学名 *Presbytis entellus*

叶猴有拇指吗?

叶猴类分布在亚洲,和非洲的疣猴一样,食物中有百分之九十九为树叶;但手有拇指(第一指),则是和疣猴不同的地方。

长鼻猴生活在婆罗州岛的红树林中。其鼻子会随着年龄的增加而伸长。

[食物]

(蛭漂树)

(叶及种子)

长鼻猴(象鼻猴)
Nasalis larvatus
体长 76厘米
尾长 56~76厘米

[叶猴和疣猴胃的构造]

● 仔细看

嚼碎了的树叶在第一胃中靠细菌的帮助而被溶解,在第二胃中成糊状,送到第三胃。如此再硬的叶子也会被消化。

金丝猴的朝天鼻是其一大特征,从 中国西部至西藏的高山都有其踪迹;其分布范围与大熊猫接近。

金丝猴
Pygathrix roxellana
体长 52~83厘米
尾长 61~97厘米

■袖珍动物辞典

叶猴、长鼻猴

●哺乳纲 ●灵长目 ●真猴亚目
●狭鼻猴次目 ●猕猴科
●疣猴亚科

对非洲的疣猴而言,叶猴是它的近亲。两者同为叶食性,水分也从叶子中获得。在森林中轻巧的行动;群体是单雄群。

长鼻猴分布在婆罗州,其鼻子可能是一种共鸣体,吃树芽及叶子,个性温和,行动敏捷。

类人猿

猩猩

长臂猿

大猩猩

黑猩猩

● 图中的猴子并非是人类的祖先，
但与其他的猴有相当大的差异，
我们称之为类人猿。

[类人猿的特征]

只要将类人猿和猴子比较一下，便可得知
类人猿的特征。

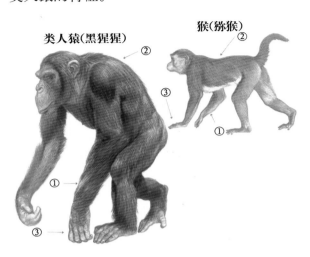

类人猿(黑猩猩)　　猴(猕猴)

仔细看

①手腕的毛是朝上生长。
②行走时，身体向前倾。
③手掌不着地，仅手指弯曲着地行走。

[手腕渡行法]

猕猴与狗一样，手腕举起
的高度有限，然类人猿的
手腕可靠肩头的关节而转
动，向旁边也可转180度，
因此类人猿可以靠手腕渡
行，而猕猴类则不行。

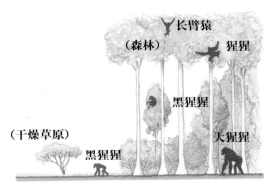

长臂猿
（森林）
猩猩
黑猩猩
（干燥草原）
黑猩猩
大猩猩

[类人猿的栖所]

类人猿都生活在森林里，非洲的大型
类人猿生活在地面上，亚洲的长臂猿
及猩猩则生活在树上。

■袖珍动物辞典

类人猿

●哺乳纲 ●灵长目 ●真猴亚目
●狭鼻猴次目 ●类人猿超科
●猩猩科

此科种类的四个属一般体型都很
庞大，头脑很大且发达，有32颗牙
和完全无毛的脸、耳朵，没有尾
巴，与人类很相近。
类人猿现只分布在非洲和亚洲；
但由化石来看，从前分布的范围
更为广泛，种类也多。

白长臂猿
体长 40~90厘米
尾长 0

学名 *Hylobates lar*

长臂猿的手腕比身体还长吗?

长臂猿是类人猿中体型最小、动作敏捷的一种。类人猿的特征之一——手腕渡行法,是它的专长。

根据观察,长臂猿在爬树时,不使用拇指而用四只手指如钩状地抓住树枝,由此树移至彼树的速度比人类步行还要快。由于时常攀渡,手腕特别发达,其长度接近体长的两倍。

● 仔细看

[手的形状]　　　　　[后脚的形状]

● 抓住树枝时把拇指藏起来。

（芒果）

（无花果）　（鸟蛋）

（昆虫）

[食物]

● 即使是细树枝也可利用渡过。

106

[手腕渡行法]

⊙ 手腕渡行，只有长臂猿办得到。

⊙ 跳跃可达12米以上。

[长臂猿的家族]

⊙ 长臂猿的栖所在离地面30米的树顶上。

⊙ 雄猴、雌猴与幼猴。

⊙ 在地上可直立起身体行走，靠手腕保持身体的平衡。

大长臂猿

●仔细看

借喉下咽囊的力量，对想圈绳冒犯者或敌人大声吼叫。（白长臂猿则以跳脚骚动来吓退敌人。）

■袖珍动物辞典

长臂猿

●哺乳纲 ●灵长目 ●真猴亚目
●狭鼻猴次目 ●类人猿超科
●猩猩科

长臂猿即使在站立时，前脚仍几乎要着地。臀部有两个小胼胝。就进化而论，与其他类人猿分化最早而至现在。

以下介绍其同类：胡须及手脚都是白色的白长臂猿；白色胡须极为醒目的黑长臂猿；喉部有咽喉囊、早晚发出怪声的大长臂猿以及银长臂猿等。

猩猩
身长
125~150厘米

学名 ***Pongo pygmaeus***

雌猩猩和雌猩猩谁更大？

猩猩是亚洲地区除长臂猿以外的另一种类人猿，分布在婆罗洲及苏门答腊岛的热带雨林里。

体积庞大，尤其是雄猩约有雌猩的两倍重，大都生活在树上，动作缓慢而迟钝，不能在树间跳跃，使用手和脚慢慢地移动。

[食物]

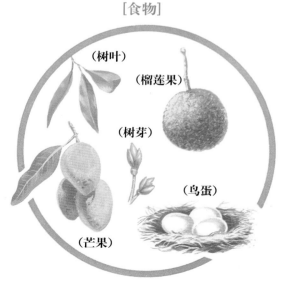

（树叶）

（榴莲果）

（树芽）

（鸟蛋）

（芒果）

猩猩的生活

仔细看

猩猩的手为了便于钩住东西，拇指变得很小。脚则为了握物而非常发达，如人类般拇指与其他四指分开。

○ 猩猩的手(左)和足(右)。

○ 猩猩和其他类人猿一样，在树上筑巢。将附近的树枝及蔓条折下弄平，盖上树叶后即成为只住一晚的巢，第二天便另筑新巢。

○ 猩猩一生下来便反射性地会抓东西。图中的婴兽正紧抓着母兽的毛而吸奶。

仔细看

[脸的变化]

幼猿

婴猿(雄)

成猿

■袖珍动物辞典

猩猩

● 哺乳纲 ● 灵长目 ● 真猴亚目
● 狭鼻猴次目 ● 类人猿超科 ● 猩猩科

猩猩一词在马来语中，是"森林的人"之意。和其他类人猿相比，猩猩生活在树上的时间较长，在地上可用四肢行走。

从前分布在中国南部，曾与大熊猫等的骨头化石一齐出土过，但现仅存于婆罗洲及苏门答腊岛。婆罗洲产的雄猿，其两颊的皮肤松懈而成翼缘状，喉囊较大。苏门答腊产的雄猿则较小，有长而红的颚须。

成长后的雄猿平时单独生活，暂时性的群体也不大，约由一只雄猿和携子而来的二、三只雌猿组成。四年生产一次，怀孕期为九个月，初生猿重约1.6公斤，与母猿共同生活约五年。可饲养为宠物，寿命约为四十年。

黑猩猩

身长
70~93厘米

学名 *Pan troglodytes*

矮黑猩猩　　黑猩猩

类人猿中谁会制造并使用工具？

生活在非洲的类人猿有黑猩猩及大猩猩。大猩猩生活在潮湿的森林深处，黑猩猩则生活在有落叶树的森林或草原上。

类人猿中只有黑猩猩会"制造用具、使用工具"。一般成群生活，然而其集团不以家族为单位，组成也很不规则。在树上、地面上可用双脚行走。

（野生果）

（木瓜）

（甘蔗）

[食物]

黑猩猩的生活

愤怒

高兴

害怕

悲伤

- 黑猩猩会向同伴讨食甘蔗或肉，对方也会分给它吃。

- 黑猩猩的招呼方式有接吻、握手等。

- 当从树洞喝水时，将叶子咬至柔软后再把它浸水，然后饮用。

- 和其他的类人猿一样，将附近的树枝折下，在黄昏时筑巢，次日则再筑新巢。

- 极喜欢吃白蚁，先选一根茎较柔软的草，拔掉上面的叶后插入蚁巢内，然后舔附在上面的白蚁。

[各种动作]

奔跑　　两脚行走

在树上行走

手腕渡行

攀登

■袖珍动物辞典

黑猩猩

- 哺乳纲 ● 灵长目 ● 真猴亚目
- 狭鼻猴次目 ● 类人猿超科 ● 猩猩科

黑猩猩的属名"Pan"，是"森林之神"的意思，包括两个种，经常以三十~六十只过群体生活，但似乎没有社会结构，每个群体各有其固定的活动范围。

具乱婚性，怀孕期为242日，刚出生的婴猿有1.6千克重，与母猿同住两年，有分配行为，也会捕食长尾猴类、小型有蹄类及昆虫等。

矮黑猩猩颜色黑，手腕短，体型也小，个性温和，智商比黑猩猩高。

山栖大猩猩 | 身长180厘米
学名 *Gorilla gorilla beringei*

🔧 大猩猩的性格是很温和的吗?

　　大猩猩只分布在非洲,从前被认为是很粗暴可怕的动物,实际上是个性温和、不喜争斗的动物。

　　大猩猩通常生活在雾很浓而且阴湿的地方,以一个家族为单位,在一起生活。

　　大猩猩有生活在山地的"山栖大猩猩"和生活在更低处森林里的"丘陵大猩猩"两种。

大猩猩的生活

- 平常以一只雄性为中心，组成10~20只左右的集团，安静地生活。

- 群体的首领称为银背者。因为上了年纪的雄性大猩猩，背上的毛是银白色的。

仔细看
大猩猩的手。

- 大猩猩很神经质，遇到敌人或生疏的东西靠近，在与之战斗前会激烈地捶打胸部(捶胸行为)、大声吼叫，表示自己心情不愉快。

- 大猩猩虽在树上筑巢，但因身体太重，所以除了睡觉时间以外，都在地面上生活。

- 大猩猩和其他的类人猿一样，弯曲着手指行走。

[食物]

（芹菜）

（竹笋）

（树叶）

- 雌性大猩猩像人一样地对待自己刚出生的婴兽，悉心地照顾、养育。

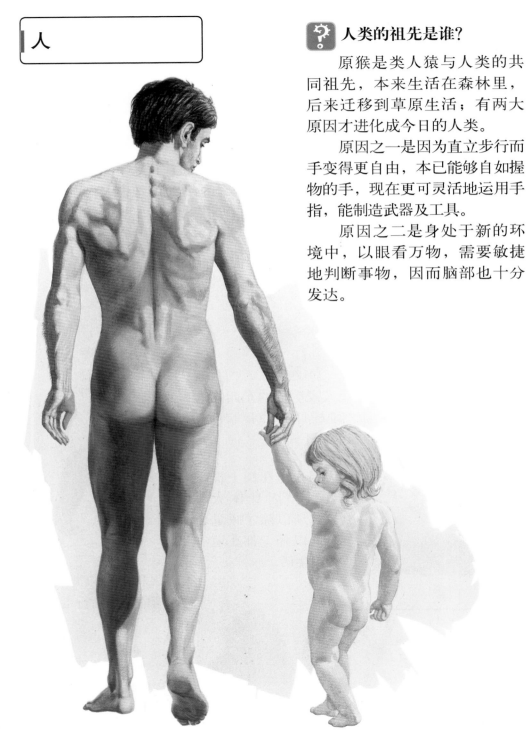

人

原猴是类人猿与人类的共同祖先，本来生活在森林里，后来迁移到草原生活；有两大原因才进化成今日的人类。

原因之一是因为直立步行而手变得更自由，本已能够自如握物的手，现在更可灵活地运用手指，能制造武器及工具。

原因之二是身处于新的环境中，以眼看万物，需要敏捷地判断事物，因而脑部也十分发达。

[进化到直立人类的过程]

○ 约1400万年前人类的祖先就已出现，但其外形变得与现代人类相似则是200万年前的事。由原猴演化至直立人类，共经历了1000万年以上的时期。请注意观察其脚拇趾的变化。

南猿

普罗猿　拉玛猿　南猿　直立原人　尼安德塔人　克洛马侬人

[脑的大小和头骨的差异]

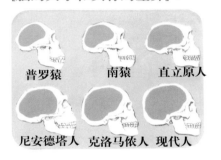

普罗猿　南猿　直立原人

尼安德塔人　克洛马侬人　现代人

[食物]

（禾木科的食物）

（肉）

（水果）

草（蔬菜）

○ 以肉食为中心的原人，不久也出现以谷物——禾本科的草——为主食的一群，而杂食性的趋势渐增。同时因懂得熟煮的技巧，食物的范围变得更广。

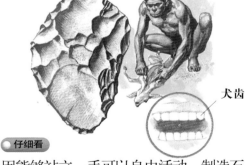

犬齿

● 仔细看

因能够站立，手可以自由活动，制造石器当做武器使用，而本为武器的犬齿便开始退化变得与门齿没有差别。

并且在发现了火之后将食物煮、烧后才吃，因此牙齿也变得适于杂食。

■袖珍动物辞典

人类

●哺乳纲 ●灵长目 ●真猴亚目
●狭鼻猴次目 ●类人猿超科 ●人科

进入草原生活的普罗猿，乃人类的直接祖先。为了迅速发现外敌及猎物而站立起来，并变成自由的手可握住武器——这便是拉玛猿和南猿的进化过程，直立原人发现"火"并利用它；尼安德塔人过狩猎迁移生活，而克洛马侬人则过定居生活。

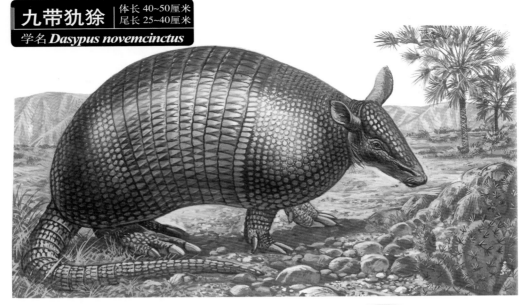

九带犰狳
体长 40~50厘米
尾长 25~40厘米
学名 *Dasypus novemcinctus*

犰狳是由什么进化来的?

犰狳为相当原始的哺乳类，似乎是由食虫类进化而来的，全身覆盖着硬而骨质的鳞片，分布在美洲大陆(主要为中、南美洲)。

其中以九带犰狳最为人们所熟悉。牙齿无珐琅质，而且不断成长。因此必须常咬食硬的树根。

[食物]

(甲虫)　(昆虫的幼虫)　(螽斯)　(根)　(蛞蝓)　(腐烂的动物死尸)　(蚯蚓)

[犰狳的巢]
犰狳以锐利的钩爪挖成隧道，在隧道的深部铺草做为寝室。

九带犰狳的生活

- 土中如有昆虫，即使在1米以上的深度也可用敏锐的嗅觉探知，并用尖锐的爪掘出。

- 九带犰狳擅于游泳，会将肠内灌满空气以浮出水面，也可以潜入水中达六分钟之久。

仔细看
甲胄由如图般的骨质小板所形成。

- 犰狳最大的敌人一直是美洲虎及美洲野狗，但现在应是汽车吧！

犰狳的种类

三带犰狳

- 遇有外敌时，会将身体卷成球形，无论如何用力也无法扳开它。

大犰狳

- 前脚中间的爪特别大而强劲。

小铠鼹

- 防止敌人的侵袭。

- 由洞口爬出来的模样。

- 为最小的犰狳，有一身漂亮的毛。

■袖珍动物辞典

犰狳

● 哺乳纲 ● 贫齿目 ● 犰狳科

贫齿类都分布在美洲大陆（由北美南部至南美）。虽尚残存着齿，但其数目因种别而异。体表具有角质化鳞片，覆盖在头、肩、腰部的背面。

通常一次产一仔，如果产下2只以上，也必是从一个卵子生长成（故必为同性），以此多胎生殖亦使犰狳著名。

①三趾树懒 体长 50~60厘米
尾长 6~7厘米

学名 *Bradypus tridactylus*

②二趾树懒 体长 60~64厘米

学名 *Choloepus didactylus*

❓ 树懒大部分时间都在睡觉吗?

树懒是一种极为珍奇的动物，不论进食、睡觉或交尾、育仔，都是倒挂在树枝上进行。一天之中，约有三分之二以上的时间在睡觉，也可以说，一生的大部分时光都是在树上度过，为夜行性动物。

树懒的毛与其他哺乳类正好相反，由腹部向背面生长，因此雨水容易流下。每根毛都有"沟"，在"沟"内有藻类寄生，雨季时体表呈绿色，成为保护色。

只吃植物的叶片及果实，因此树懒胃的构造与具有反刍作用的牛胃相似。

[食物]

（豆科植物） 　　　　　（叶、芽、花）

○ 在河岸的树林及森林附近生活。

树懒的生活

○ 树懒的头部可做270度的转弯。

○ 不能在地上行走，因此在地上如游泳般的移动。

[贫齿类的齿]

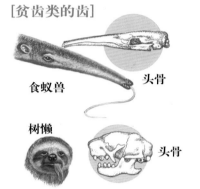

食蚁兽　头骨

树懒

头骨

犰狳　齿

○ 在水中较活泼，可游泳渡河。

仔细看

倒挂在树枝上生产、育子，没有特别筑巢。

○ 贫齿类动物虽外表各不相同，但据推测是由同一祖先演化而来。它们的牙齿都极脆弱，食蚁兽等动物甚至完全没有。

三趾犰狳的牙齿没有珐琅质，髓质露出，牙齿成圆筒形，每一颗牙的形状都很相似。

犰狳及树懒的牙齿终其一生成长不已。因此平时虽只吃柔软的食物，但有时也会咬嚼一些坚硬的东西以削磨牙齿。

食蚁兽的牙齿已退化，一颗牙齿也没有，代之其舌头非常发达。

■袖珍动物辞典

树懒

●哺乳纲 ●贫齿目 ●树懒科

距今约数千年前时，就已经出现了一种不同科、生活在地上的树懒。其体型也有巨大的，约有小型的象那么大。

它动作迟缓，心跳和消化也很慢，嗅觉和触觉则十分敏锐，也有像镰刀般锐利的长爪。

大食蚁兽

体长 100~120厘米
尾长 60~90厘米

学名 *Myrmecophaga tridactyla*

[食物]

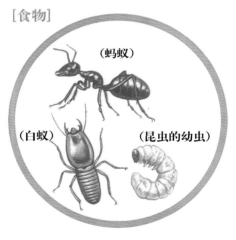

（蚂蚁）

（白蚁）

（昆虫的幼虫）

食蚁兽一天能吃多少只蚂蚁？

食蚁兽正如其名，专吃蚂蚁维生。虽完全无齿，但却有延伸时可达60厘米的舌头以及收藏舌头用的长型口吻。走路时，口吻会与地面接触，并一面摇动尾巴。

食蚁兽的舌头具有粘性的唾液，适于舐食码蚁。一天大约可吃三万只蚂蚁。

前足有尖锐的爪，以爪背着地行走。也善于爬树及游泳。其嗅觉之敏锐，胜过人类40倍以上。

[食蚁兽的栖所]

小食蚁兽　二趾食蚁兽

大食蚁兽

湿地

草原

森林

大食蚁兽的生活

发现了白蚁巢(蚁冢)，便用利爪挖洞，然后将鼻头伸入，伸长舌头舐食。

被敌人追赶时，与敌人抱在一起，然后以利爪突刺。

食蚁兽的种类

幼兽骑在母亲背上，在成长至成兽之前，几乎都在背上生活。

二趾食蚁兽

能灵巧地运用尾巴，在树上捕食蚂蚁。

小食蚁兽

具夜行性，生活在树上。站着与敌人相博斗。

食蚁兽性喜水，擅于游泳。

■袖珍动物辞典

食蚁兽

●哺乳纲 ●贫齿目
●食蚁兽科

视觉不发达，行动主要靠灵敏的嗅觉，除了大食蚁兽是昼行性外，其他的种类皆属夜行性。

①白腹穿山甲	体长 35~45厘米 尾长 50厘米
学名 *Manis tricuspis*	

②长尾穿山甲	体长 30~40厘米 尾长 60~70厘米
学名 *Manis tetradactyla*	

③大穿山甲	体长 75~80厘米 尾长 50~65厘米
学名 *Manis gigantea*	

④印度穿山甲	体长 60~65厘米 尾长 45~50厘米
学名 *Manis crassicaudata*	

❓ 谁是"会动的松塔"？

穿山甲的全身覆盖着鳞片，仿佛是"会动的松塔"。

穿山甲与犰狳及食蚁兽的习性相似，但实际上彼此毫不相关，且其分布范围也完全不同。

食物只以蚂蚁及白蚁为主，例如在大穿山甲的胃内曾发现2升多的昆虫，其中就有11种的蚂蚁。胃壁很厚且粗，可将小石子和砂一起吞食，以碾碎蚂蚁。

前脚强健有力的爪，是破坏白蚁巢穴所不可缺少的工具。

(蚂蚁)

[食物]

(白蚁)

● 穿山甲的生活

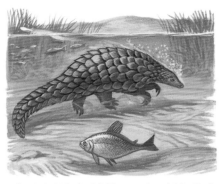

● 穿山甲一遇到敌人，只要稍感危险便将身躯卷成球状滚动，即使是老虎、豹般的利爪，也对它无可奈何。

● 穿山甲擅长游泳，有时被敌人追赶会躲入水中逃逸。

● 仔细看

[穿山甲的舌头]
舌尖能分泌粘液，可以轻易地捕食蚂蚁。

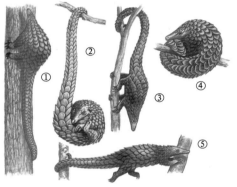

● ①爬树时，使用尾巴及后脚。②在树上遇敌时的姿势。③下树时的姿势。④睡觉时的姿势。⑤由此树至彼树时，用尾巴支撑身体。

[白蚁冢及其内部]

● 蚁冢有时在高达2米处。穿山甲便将舌伸入穴内捕食。

■袖珍动物辞典

穿山甲

●哺乳纲 ●有鳞目 ●穿山甲科

穿山甲虽与犰狳相似，但其分布地区完全不同。由习性相似的共同点来看，它们该是由贫齿类的共同祖先进化来的；但由体型构造等观之，又发现其与原始食虫类的贫齿类的祖先完全不同。因此，之所以相似，可能是由于进化途中的环境相似。长尾穿山甲的尾巴即占了体长的三分之二，生活在树上，而印度穿山甲则生活在地上。

兔

[兔的身体]

[兔的门齿]

仔细看

● 听觉发达，耳朵成喇叭状，随着进化而增长。
越原始的兔子眼睛越小，长胡须是草丛灌木中的生活所不可或缺的。
如老鼠般横着咬物。
盲肠特别发达，一次的粪便可分成两次排泄。

兔的门齿为上有两对，下有一对(上图)，终其一生成长不止。如咬合不佳，无法削小而长个不停(下图)。

[兔的进化和种类]

（原兔）

● 原兔被认为是兔类的祖先，其同类约于7000万年出现，兼具有现存兔类及食虫类两者的特征。

（鼠兔）

● 最进化的兔子。

（野兔）

（穴兔）

● 比野兔更原始，和短耳兔相似。

（短耳兔）

● 耳朵及前后脚皆短小。

● 是与原兔最接近的原始兔子，与老鼠十分相似。

高山鼠兔

体长 12~25厘米
耳长 1.5~2.3厘米
尾长 0厘米

学名 *Ochotona alpina*

[食物]

（禾木科植物）

（落叶松）

鼠兔出现于3600万~2500万年前的渐新世，保留了冰河时代的原始型态而生存到现代，是一种珍奇的动物。

它们分布在高山、亚洲中、北部以及北美西部山地的部分地区，雌雄成对组成团体生活。喜欢日光浴，常在岩石上，向着阳光伸出鼻子晒太阳。

- 鼠兔在受到惊吓或要通知同伴有敌人出现的消息时，会发出如小鸟鸣叫般的声音，然后赶紧躲到岩石下。

- 鼠兔有割草、折取树枝，然后成束带回巢的习性。

- 鼠兔把草带回家后，先摊开晒太阳，等到干燥后，再在上面铺上新草，待全部干燥后，便收藏在岩石底下；这可视为冰河时期的动物为适应食物稀少所表现的一种智慧。

■袖珍动物辞典

鼠兔

- 哺乳纲 ● 兔目 ● 鼠兔科

兔目中的动物有许多习性和鼠类不同、化石也从第三纪(6500万~300万年前)初期时，便已形成另一系统。

鼠兔科的动物耳短、前后足约等长而短，尾巴几乎完全消失。大都生活在寒冷地带，但并不冬眠。

琉球兔(奄美黑兔)	体长 43~47厘米 尾长 3.5厘米

学名 *Pentalagus furnessi*

世界各地都有兔子吗?

现在世界各地几乎都有兔子的分布，但这些都是野兔或家兔；而早在这之前，世上已出现短耳兔之类的另一兔类。

其化石虽早为众人所知，但实际上活着的只有分布在琉球诸岛的奄美黑兔、墨西哥市附近山地的墨西哥兔，以及非洲南部的红兔而已。因很早便生活在不必与野兔及家兔发生生存竞争的地域里，因此得以残存。

[短耳兔之能够生存下来的理由]

短耳兔类被认为是在300万年前的第三纪末期时，在东亚全域非常繁荣的种类。

在新的兔类出现之前，其居住环境除了龟壳花以外，并无其他天敌。短耳兔类生活在与外界隔离的孤岛上，得以避免激烈的生存竞争，因此能够残存300万年以上。

[食物] （嫩树皮）

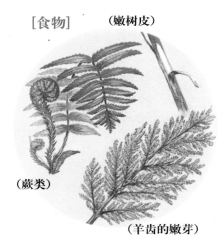

（蕨类）

（羊齿的嫩芽）

[兔的进化]

鼠兔

琉球兔(奄美黑兔)

穴兔

● 琉球兔是介于鼠兔和穴兔之间的兔子。

短耳兔的生活

原始林
溪流
出入口
巢

三种红兔都生活在非洲，虽与穴兔的骨头构造相似，但其牙齿乃是原始的。白天躲在岩石的裂缝里或岩石下，晚上才活动。巢的附近有看守台。

史密斯红兔

○ 琉球兔在沿着溪流的原始柏木林的斜坡上挖洞。挖成宽约3米的隧道，在深处筑巢，十数只或一两只共同生活，属完全的夜行。

火山兔

出入口　巢穴　婴兔

○ 火山兔分布在墨西哥市南部的波波卡德皮都尔山至其东部的布卫布拉海拔3000~4000米的地方，发出的声音和鼠兔相似。

在茂密的撒加敦草中，沿着地面挖掘隧道。吃撒加敦草的皮及根维生，天亮时活动，清晨做日光浴。

○ 雌兔在离巢不远处另掘一较短的生产巢穴，一次只产一仔。白天将土堆在入口处，晚上才松土入内喂乳。在入口处的土中制作空气孔。

■袖珍动物辞典

短耳兔

●哺乳纲 ●兔目 ●兔科

短耳兔于第三世纪(6500万~300万年前)中期左右，广泛分布在欧洲、非洲、亚洲及美洲等地。但在第三纪末期，随着其他兔类的出现，短耳兔被迫离开生存地而几乎绝种。下颚的臼齿与其他兔类不同，头骨的构造也不一样。其中的一种——琉球兔在日本被指定为天然纪念物而受保护。

○ 在活动范围内掘了数个洞穴，遇有狗等外敌来袭时，便躲入其内。

这些洞穴与柏木下的隧道都相通，有时也会逃进隧道内来保身。

穴兔

学名 *Oryctolagus cuniculus*

体长 35~45厘米
尾长 6厘米
耳长 7~8厘米

穴兔喜欢在什么地方挖洞？

分布于欧洲地区的穴兔，常在草原、田地、森林等各种场所挖洞。

巢穴中由一只雄兔及2~3只雌兔组成家族生活在一起。很多家兔是由穴兔的种类改良出来而被饲养。

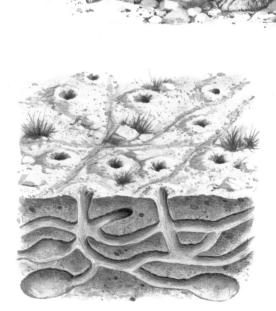

[穴兔的活动范围]
穴兔每聚集在地下形成一个部落，包括巢室、逃生口、错身处、无尾巷路等。平常行走的路径和排泄场所也有固定。各有各的势力范围，坚守自己的巢室，不准其他兔子侵犯。

[食物]
(草)
(嫩树)
(谷物)
(根)

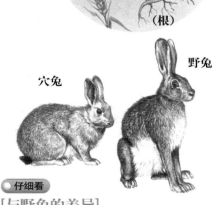

野兔
穴兔

仔细看

[与野兔的差异]
从外观上来看，穴兔较野兔前脚为短、坐姿较野兔矮、耳朵也较短，且尖端的黑色不明显。

[各种家兔]

以下是几种毛皮或肉为人们的利用而著名的种类：

[穴兔的两次排便现象]

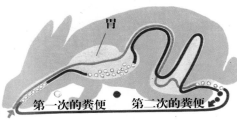

胃

第一次的粪便　　第二次的粪便

● 第一次排泄的粪便，由粘性物包围着。内含丰富的蛋白质及维生素，兔子将此大便吃下，吸收其中的维生素等后，再排泄硬而粒状的大便。

● 仔细看

刚出生的婴兔眼睛看不见，也没有毛。

● 穴兔在离自己领域不远处，掘出一个较浅的洞穴育儿用，上面覆盖着土，每天喂乳。

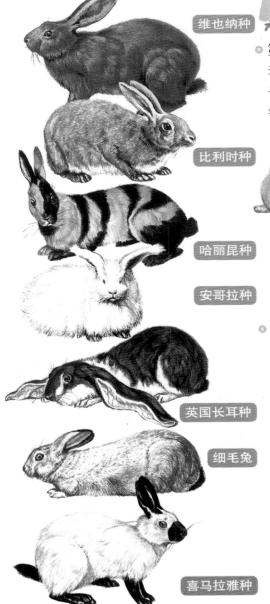

维也纳种

比利时种

哈丽昆种

安哥拉种

英国长耳种

细毛兔

喜马拉雅种

■袖珍动物辞典

穴兔

●哺乳类 ●兔目 ●兔科

穴兔一年怀孕5~6次，孕期28天便可生下4~10只婴兔，寿命约为10年。遇有危险情况时，便用后脚敲打地面通知同伴。被饲养的家兔，有食肉用的比利时种、毛皮用的细毛兔，及毛用的安哥拉种等。

欧洲野兔

体长 48~68厘米
尾长 7~11厘米
耳长 8.5~10.5厘米

学名 *Lepus europaeus*

野兔在树林地里受欢迎吗?

野兔生活在草原、疏林及广阔的地区，在兔科中是最进化的兔类。

前脚较穴兔的为长，后脚有极强大的跳跃力。

属夜行性，在黎明及黄昏时外出觅食，喜欢嫩树芽和树叶，一到冬天会剥落树皮而食。因此在树林地里，是种不受欢迎的害兽。

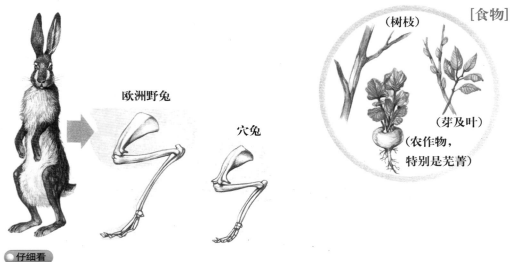

欧洲野兔

穴兔

[食物]

（树枝）

（芽及叶）

（农作物，特别是芜菁）

仔细看

[穴兔与野兔的区别]

野兔的脚较穴兔还要长，骨头构造如上图所示，适于在草原上奔跑。

野兔与穴兔不同，其体型细长苗条，耳朵尖端呈黑色也是野兔的特征之一。

[野兔的跑姿]　　　　　　　　　（足迹）

● **野兔的生活**

○ 野兔在白天在草丛或岩石的荫影或树下，用前脚挖个浅洞，作为休憩场所。

○ 野兔的眼睛可同时看两侧，因此可躲开来自两侧的害敌攻击。

○ 野兔擅泳，必要时会游泳。

○ 遇到鹰、鹫等来袭时，便躲在草丛灌木中，静静地卧着，直到敌害离开才出来。

野兔的婴兔　　　　**穴兔的婴兔**

○ 母兔在草丛中铺上自己的毛生产，平常一次可产两仔。

母兔并非时刻都在婴兔身旁，只在夜晚才会喂乳，婴兔整天就静静地等着吃乳。

婴兔与穴兔不同，生下来时眼睛已张开，长毛，不久便会行走。

● 野兔的种类——美洲的野兔

黑尾杰克兔

白尾杰克兔

北美野兔

雪兔

[耳朵的大小]
美洲产的野兔分布越北边的种类，其耳朵越小。

北美野兔
Lepus americanus
体长 36~52厘米
耳长 6~7厘米

● 北美野兔分布在美洲北部，冬季体毛会变白色。

`仔细看`

在雪地行走时，趾头是张开的。如此似雪鞋般，可减少在雪面的压力，不但不会滑脚，而且不会被埋在雪里，行走雪地非常方便。

黑尾杰克兔
Lepus californicus
体长 56~68厘米
耳长 13厘米

● 杰克兔分布在美洲西部，因耳朵及后脚特别长而著名。

● 杰克兔被敌人追捕时，会利用其卓越的跳跃能力，一跳可达5~6米，反复跳跃直至逃出魔掌。

■袖珍动物辞典

野兔

●哺乳纲 ●兔目 ●兔科

很早以来，野兔即经由童话故事及迪斯尼电影的介绍，而成为家喻户晓的动物。其性机敏，平常单独生活。
一年受孕3~4次，约过40天便会生1~5仔。通常1次产2仔，寿命约为10年。
有些野兔如雪兔、北美野兔，在冬季时，其体毛会变成白色；也有如好望角野兔、黑尾杰克兔般，体毛颜色不受季节影响而变化。

雪兔

体长 46~61厘米
尾长 6厘米
耳长 7~9厘米

学名 *Lepus timidus*

[夏毛的雪兔]

(蕈茹类)

[冬毛的雪兔]

(草)

(果实)

[食物]

雪兔一年要换几次毛?

雪兔在冰河时代曾广泛分布于欧洲,其后随着冰河的后退而迁移,现在仅残存于北部的冻原地带及南方的阿尔卑斯山的高山地带。在夏季和冬季,曾迁移它们的栖所。如美洲的美洲野兔般,体毛有夏毛及冬毛之别,但雪兔一年可换毛三次。

(冬)

●仔细看

[变毛的情形]

大部分生活在严寒地区的野兔,在冬季和夏季之间,体毛的颜色会改变,有保护的作用。

(春)

(秋)

(夏)

[阿尔卑斯山的野兔]

其住所冬夏不同

夏

冬

4000米

1000米

■袖珍动物辞典

雪兔

●哺乳纲 ●兔目 ●兔科

雪兔的耳朵之所以会较南方的野兔为小,是为了减少体温的发散,以适应低温环境的结果。脚底及趾间也都有毛。四~五月间由冬毛变成夏毛,自初雪时至十一月之间,变成纯白色的冬毛。怀孕期为40~50天,一年二次,产2~5仔。

啮齿类

美洲巨水鼠的口。

门牙像凿子，很尖锐。

血液、神经

象牙质

珐琅质

● 啮齿类的祖先和啮齿类的同类

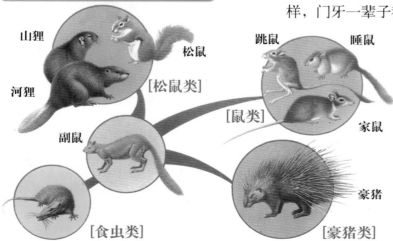

山狸

松鼠

[松鼠类]

河狸

跳鼠

睡鼠

[鼠类]

家鼠

副鼠

[食虫类]

豪猪

[豪猪类]

? **哺乳动物中谁的种类和数目最多？**

松鼠和老鼠等啮齿类，是哺乳动物中种类和数目最多的一类。它们栖息的地方和觅食的方式，虽然依种类的不同而有所区别，但是，在地上、树上、水中到处都有这些动物。

啮齿类的特征是它们的牙齿。门牙与兔子不同，而是上下各一对，没有犬齿，而且门牙和臼齿中间有很大的空隙。还有，吃东西的时候，兔子把下颚做左右的摆动，但啮齿类是做前后运动。

[兔类和啮齿类牙齿的差异]

兔子　　　　　啮齿类

● 兔子的门牙，上颚有两对，啮齿类只有一对。但兔子和啮齿类同样，门牙一辈子都在生长。

● 由食虫类进化来的副鼠，是啮齿类的祖先，约生活在5000万年间。具有大型的门牙，门牙和臼齿中间也有很大的空隙。

啮齿类的各种栖所

树上

小鼯鼠

向空中

松鼠

攀树豪猪

跳鼠

副鼠

在地上

褐鼠

河狸

在沙漠

在半地下

水里

盲鼠

田鼠

在地下

啮齿类的祖先——副鼠被认为如山海狸般能在地下挖洞，在洞里生活。后来有各种啮齿类出现而进化。啮齿类用强硬的门牙能够啃其他哺乳类所不能吃的坚硬食物。因此可以把生活范围扩大到树上、沙漠里、水里等各种环境。如今，到处都有它们的踪迹。

啮齿类的生活

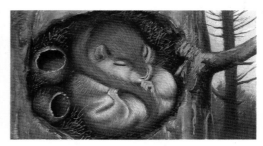

啮齿类中，如条纹松鼠、绸毛鼠、鼠形仓鼠等种类具有颊囊。这个颊囊一次可以塞进很多食物，而把食物带回巢穴。

啮齿类的同类里，也有会冬眠的。而其中完全冬眠的是睡鼠、金毛鼠形仓鼠等。虽不冬眠，但活动会变迟钝的则有鼠形仓鼠等。

啮齿类生活在树上或水里等多种地方，其身体的构造都很适合它们所栖息的环境。

一般来说，啮齿类的后脚比前脚长。但也有像跳鼠后脚特别发达的。这种脚适合于在沙漠里蹦跳前进。

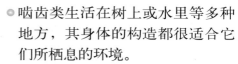

跳鼠

河狸

像美洲巨水鼠和河狸在水里生活的那一类，它们的后脚都有蹼。

小鼯鼠

生活在森林的同类里，像鼯鱼和小鼯鼠的前脚和后脚之间的皮肤扩大成膜状，因此从高处飞到低处时，可以张开这飞膜，像滑翔机一样地滑翔。

北方松鼠

体长 20~25厘米
尾长 16~20厘米

学名 *Sciurus vulgaris*

❓ 北方松鼠怎样在树上生活？

在啮齿类动物中，适合于树上生活的有北方松鼠的同类。它们用像长钩的爪，抓紧树枝，并以密厚的长尾巴来取得平衡。像这样利用爪和尾巴，它们可以从树枝上垂吊下来，而且又能敏捷地在树上跳跃。

破晓和黄昏时出来觅食，而觅食的时候会从树上下来，到地面上走动。

它们喜欢吃的东西很多，在育婴期还会吃鸟蛋。

[食物]

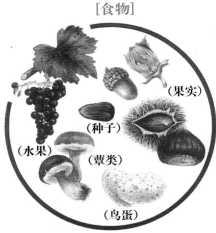

（果实）

（种子）

（水果）

（蕈类）

（鸟蛋）

北方松鼠到了秋天会换毛，而变成冬毛。冬毛的颜色是朴素的灰色。冬毛整个长得很密，尤其在耳朵和尾巴上会长出长毛来。因此北方松鼠在雪中也不怕冷能自在地蹦跳。

● 北方松鼠的生活

● 松鼠的巢在树上，利用小树枝或苔藓类，在树叶密盛的树枝上，做成像足球大的圆形巢窝，有时候也会利用树干上的洞穴。

● 密厚的长尾巴，是松鼠在树上敏捷跑动时所不能缺少的。它们利用这长尾巴来保持身体的平衡。

● 松鼠就是到地上来，同样能够敏捷地奔跑，还能跳跃。它们通常在破晓和黄昏时来到地上，跳跃着寻找食物。

● 秋天食物丰富的时候，松鼠会找树洞或在地上挖洞，把装满在嘴里的果实等食物积蓄起来。洞口用泥土或落叶塞起来。

● 嗅觉很敏锐，就是积满了雪，它还是能够找出雪下的食物。

● 被貂等敌人追赶时，还可以从20米高的地方跳下来。

生后第45天的小松鼠。

刚出生的婴兽。

○ 仔细看

松鼠的婴兽没有胎毛，光秃秃的，眼睛也没有睁开。从生后第8天起，毛才会长齐。第30天眼睛才会睁开。第45天时，就会吃硬的东西。开始会爬树，上上下下爬得很好。夏天出生的幼松鼠，当年冬天便和母鼠一起过冬。

[北方松鼠的各种行为]

● 松鼠的种类

北美灰松鼠

印度棕榈松鼠

印度大松鼠

三彩松鼠

黑松鼠

道格拉斯红松鼠

北美红松鼠

日本松鼠

■袖珍动物辞典

松鼠

●哺乳纲 ●啮齿目 ●松鼠科

松鼠科的动物里，共分鼯鼠亚科与松鼠亚科两类。属于松鼠亚科的种类总称为松鼠。台湾所盛产的赤腹松鼠、条腹松鼠等是和松鼠相当接近的种类。

北方松鼠在春夏之间，一年交尾两次。一胎生4~5仔。一年合计大约生10只。天敌有貂、狐、猫头鹰、老鹰等。

灰毛松鼠为美国原产的种类。但被移入英国后而野生化，可在公园等地看到。

印度大松鼠生活在高树上，从一棵树到另一棵树，可以跳过6米。另有杂色松鼠，吃椰子或椰树。日本松鼠体型比北方松鼠小，毛色不深。日本伊豆半岛有一些野生化的台湾松鼠，是从动物园跑出来的。

①欧亚小鼯鼠
体长 15~17厘米
尾长 10~12厘米
学名 *Pteromys volans*

②大鼯鼠
体长 30~60厘米
尾长 30~64厘米
学名 *Petaurista petaurista*

③美国鼯鼠
体长 13~15厘米
尾长 8~12厘米
学名 *Glaucomys volanus*

鼯鼠是怎样飞翔的?

鼯鼠和小鼯鼠是松鼠的同类,但身体两侧的皮肤变成飞膜,可以像滑翔机那样,从这棵树飞到那棵树。飞膜的前端,是由前蹄后部凸出来的骨头来支撑,运动时骨头可以控制飞膜张开或缩小。

鼯鼠分布在亚洲南部的森林,但是小鼯鼠在北半球的北部也有,白天在巢里休息,夜晚才出来活动。

[食物]

(种子)

(果实)

(鸟蛋)

(树皮、藓苔)

● 小鼯鼠的跳法

● 活动前蹻后部的尖骨头，把飞膜放开或缩小。

● 竖起尾巴和身体停留在树干上，把停住时的冲力分散到四只脚，立刻转到树背面，头眺望下来以防敌人的攻击。

● 用后脚踢了树干跳出空中时，把前后脚尽量向左右伸张。这时候飞膜会开成方形。

● 尾巴在滑翔时，有当舵的作用。

● 小鼯鼠的生活

● 若有幼小鼯鼠飞翔失败而落地，母小鼯鼠会咬住它的侧腹把它卷在脖子上带回树上。

● 在树洞里生产。小鼯鼠的婴兽在出生后一个月，就向母小鼯鼠学习短暂的飞翔。但开始时好像有点害怕。

■袖珍动物辞典

鼯鼠、小鼯鼠

●哺乳纲 ●啮齿目 ●松鼠科

松鼠在公园里看到人而不会怕生。但鼯鼠和小鼯鼠就生活在森林的深处。很少出现在人的面前，但鼯鼠的好奇心很强，据说夜里在森林里行走，它会发出卡卡卡卡的警戒音而向人靠近。鼯鼠的个性温驯，可以饲养。造巢于树洞，而树洞亦成为它的储藏库和育婴室。生产期为冬末到初春，通常一次生两仔。

小鼯鼠通常一次生3~4仔，并且一年生两次。

● 小鼯鼠在将要起飞时，为测定要飞的距离，脸部会上下左右地动。

美洲金花鼠 体长 12~18厘米
尾长 7~13厘米

学名 *Tamias striatus*

❓ 金花鼠为什么被人驯服为宠物?

　　金花鼠两颊装满食物的姿态很讨人喜爱,所以被人驯服为宠物。金花鼠也会爬树,但它是一种大部分时间都在地上活动的松鼠。它比生活在树上的松鼠吃更多种的东西。昆虫、蛞蝓、蜗牛,甚至小蛇都成为它的食物。金花鼠会在岩石或倒木下,挖一辈子的洞来做巢。平常单独生活,但在繁殖期雄鼠会寻找雌鼠的巢而一起生活。

[食物]

（果实）　（水果）　（种子）

（蕈类）

（谷物）　（鸟蛋）

（蛞蝓）

 仔细看

金花鼠的颊囊,左右可以各放4个橡树果。

金花鼠的生活

出入口　出入口

巢室

储藏库

储藏库

- 巢成隧道形，通常以一只单独生活。由于一辈子不断在挖隧道，有时候会挖到10米之长。巢里有两处以上的储藏库。

- 在气候条件不好的冬天，它会在巢内迷迷糊糊地睡觉。但这不是真正的冬眠，它会时常起来吃储藏库里的果实。

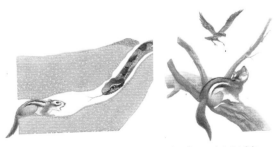

- 金花松鼠有许多敌人如老鹰，狐狸等，尤其是蛇和黑尾鼬为最可怕的害敌。它们会进到隧道里来。当金花松鼠感觉到危险时，喉咙会"咔咔"作响或发出像口哨的声音来通知伙伴。

■袖珍动物辞典

金花鼠

●哺乳纲 ●啮齿目 ●松鼠科

金花鼠为在地上活动的昼行性松鼠。亚洲金花鼠和美洲金花鼠等分布在北半球的温寒带，美洲金花鼠又分成许多种。是松鼠类中最会储藏食物的，它只收藏不会坏掉的坚果和食物，草丛或落叶底下也有它的储藏室。

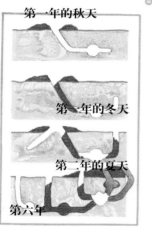

欧洲地松鼠 体长 19~25厘米
尾长 5~8厘米
学名 *Spemophilus citellus*

欧洲地松鼠冬眠吗？

欧亚大陆的地松鼠中，欧洲地松鼠生活在欧洲东部的干燥草原上。它们以群居方式生活，但巢穴是各自挖的，破晓和黄昏出来觅食。草原的冬天很冷，因此它们9~10月就进入冬眠。冬眠前，会把种子或谷物搬进巢里，但要等冬眠过后才吃。

[食物]

（草叶和茎）

（昆虫）

（种子）

[地松鼠的巢]

第一年的秋天

第一年的冬天

第二年的夏天

第六年

地松鼠从冬眠中醒过来时，不走冬眠前堵起来的洞，而另挖一个洞到地面上来。下一次冬眠时，会再挖别的洞。因为多年反复挖新洞，所以地松鼠的巢会变得很复杂。

仔细看

把种子或谷物装在颊囊里，搬回巢。

■袖珍动物辞典

地松鼠

●哺乳纲 ●啮齿目 ●松鼠科

分布在欧亚大陆，体形适合于挖洞穴的，就是地松鼠。地上性地松鼠，通常虽在地上活动，但行动并不活泼，不爬树，也不跳跃，在巢穴内的行动反而很敏捷。生活在草原、沙地、栽培谷物的田地等处，分布在寒带的地松鼠会冬眠而生活在热带的地松鼠会夏眠。到了秋天，它们会在颊囊里装上食物，搬到巢穴。春天生2~8仔。天敌有鼬、老鹰、鸳等。

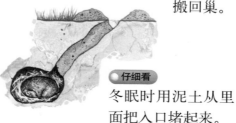

仔细看

冬眠时用泥土从里面把入口堵起来。

①金毛地松鼠	体长 15~20厘米 尾长 7~13厘米
学名 *Spemophilus lateralis*	
②十三条纹地松鼠	体长 11~17厘米 尾长 6~14厘米
学名 *Spemophilus tridecemlineatus*	

[金毛地松鼠的食物]

（果实）

（松实）

（昆虫）

（谷物）

（野鼠）

[十三条纹地松鼠的食物]

地松鼠的冬眠期最长有多久？

地松鼠很像条纹松鼠，但身体肥胖而健壮，更能适应地上的生活。

金毛地松鼠分布在落基山脉一带，身上有美丽的条纹。

十三条纹地松鼠生活在有住家附近的草原或牧场。

这两种地松鼠都是挖隧道当巢，而且在巢室内铺了干草，以便在此冬眠。

地松鼠的同类中，也有像北极田松鼠般冬眠期长达9个月的种类。

■袖珍动物辞典

地松鼠

●哺乳纲 ●啮齿目 ●松鼠科

地松鼠约有30多种，大部分分布在北美洲温暖的地方。但在极寒的阿拉斯加，有北极田松鼠。北极田松鼠要冬眠9个月，利用剩下短暂的3个月以便生产育幼，还要准备下一年的冬眠。墨西哥沙漠的羚羊地松鼠是属于别属的种类。

地松鼠是昼行性动物，通常单独生活，平常在5~7月生产一次，一次生产多仔。

黑尾草原犬鼠 体长 28~35厘米
尾长 3~10厘米
学名 *Cynomys ludovicianus*

[食物]

❓ 谁俗称"草原狗"？

草原犬鼠体型较大，尾巴短，但是也属于松鼠的同类。因为它们的叫声像狗，所以俗称草原狗。

草原犬鼠以筑"大城市"生活而闻名，最大的曾有62万平方米。城市中以直径40~60米的活动领域来区分。在此领域由一个家族来守护，而且领域周围有隧道围起来，入口处堆积有泥土。

（禾本科的草）

● 仔细看
草原犬鼠吃草时的姿势，很像松鼠。

● 当草茂盛时，草原犬鼠会把它割掉，这样容易发现敌人，而且可以使草迅速发芽长成，以作为食物。

草原犬鼠的生活

○ 一个家族生活在一个巢里。家族由1只雄鼠，3~4只雌鼠和幼鼠组成，形成一个小集团。

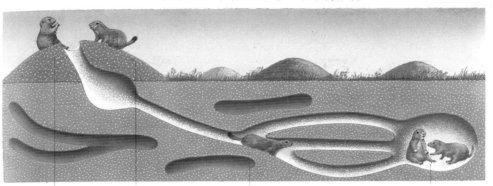

巢的入口，不只用挖下来的泥土，还从周围集来泥土堆起来，这里是看守台，并可防备大雨后浸水。

敌人进来，就在这土冢上宽敞的地方相斗。

其他巢的隧道，如网般地相通。

在巢穴育儿、冬眠、进食。

○ 家人彼此整理身上的毛，叫做整毛行为。

○ 宣称领域的雄犬鼠，朝着天空叫个不停。

○ 会赶走邻巢的居住者。

○ 发出警戒号音。

○ 在洞口打招呼。

○ 草原犬鼠常受到浣熊、草原狼、老鹰等猛禽类的袭击。

■袖珍动物辞典

草原犬鼠

●哺乳纲 ●啮齿目 ●松鼠科

草原犬鼠虽是地上性松鼠，但身体矮胖，头大尾短，看起来不像松鼠。

以筑大城市闻名。这城市又分割为许多小区，每一区居住一个家族，成为一个活动领域。整个城市秩序以各种信号的传达来维持，但其基本为个体间的信号传达。

当外敌接近或做领域宣言时，草原犬鼠所发出的叫声很像狗，因此有草原狗的俗称。

它们每年3~5月间生产一次，通常一次生4仔。一小区的族群增加太多时，一部分成兽会挖新洞而迁移。

欧洲土拨鼠 | 体长50~73厘米 尾长13~16厘米

学名 *Marmota Marmota*

[食物]

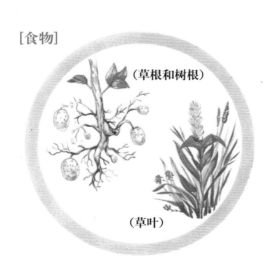

（草根和树根）

（草叶）

❓ 土拨鼠是松鼠的同类吗？

土拨鼠体型矮矮肥肥的，看起来不像是松鼠的同类，但它是生活在寒冷地区的松鼠的同类，其中最有名的是欧洲土拨鼠。

欧洲土拨鼠远在300万~100万年前的更新世之冰河期，就生活在平原地带。但是冰河溶化后，气候又温暖起来，因此这种土拨鼠的同类大部分都绝种了，只有部分种类遗留在和冰河期气候相似的阿尔卑斯山的高山地带，存活下来的就是现在的欧洲土拨鼠。

[欧洲土拨鼠的巢]

仔细看

蓝色记号是厕所，红色记号是巢室。

夏天的栖所(夏天夫妻的栖所)

秋天的栖所(秋天家族同住)

冬天的栖所

● 巢有多个出入口，为祛潮湿，在巢室石头上铺草。每当冬眠或生产时会变换新草。冬眠时，用泥土和草从里面堵住入口。

● 反复好几次，把草运到巢里。草可当食物用，也可作巢室。

● 土拨鼠和同类游玩，发出声音来，彼此相拉身子或滚下斜坡，又相互用门牙相碰而战斗。

草原土拨鼠	体长50~58厘米 尾长11~15厘米

学名 *Marmota bobak*

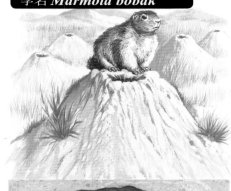

 草原土拨鼠又叫什么?

草原土拨鼠又叫中亚土拨鼠，生活在中亚的草原地带。它们在巢的入口，堆有高1.2米、直径3.6米的土冢。

■袖珍动物辞典

土拨鼠

●哺乳纲 ●啮齿目 ●松鼠科

土拨鼠是松鼠科，但没有像金花鼠的颊囊，是松鼠科中体型最大的种类。其中最有名的是欧洲土拨鼠，居住在阿尔卑斯山高而峭立的岩壁上，会垂下前爪像松鼠一样坐着。

它们听觉敏锐，遇到老鹰或狐狸等天敌接近时，群里最接近外敌的，会发出像口笛的警戒音，听到警戒音的同类，会又跳又跑地钻进巢穴。

北美土拨鼠
体长 32~61厘米
尾长 10~16厘米

学名 *Marmota monax*

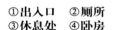

 北美土拨鼠冬眠时的体温是多少？

北美土拨鼠生活在北美洲的森林或田地里，属于土拨鼠类。巢筑在牧草地周围的森林中，单独居住，巢内保持得很干净。此种土拨鼠平常不会离开巢很远。

冬眠时会缩成像皮球一样圆圆的形状，以降低体温。有时候会降到4℃或如尸体般的体温。从冬眠中醒来时，会突然变得消瘦。

[北美土拨鼠的巢]

①出入口 ②厕所
③休息处 ④卧房
⑤冬眠用房间
⑥冬眠时要堵塞的洞

● 和其他大型的啮齿类不同，很会爬树。

[食物]

（草）
（草莓）
（橡树果）

■袖珍动物辞典

北美土拨鼠

●哺乳纲 ●啮齿目 ●挖土鼠科

北美土拨鼠是土拨鼠的一种，可以说是"北美洲产的土拨鼠"，是昼行性，晨昏两次出外觅食。属草食性，但会在耕地出没，有时被视为害兽。

交尾期在3~4月，约一个月后生产2~8仔。幼鼠在当年夏天，会被赶出所出生的洞穴。但生活在附近，约一年成为成兽。

天敌很多，有美洲豺犬、野狼、鹫、老鹰等。但有时亦会遭遇到人类的袭击。

和其他大型啮齿类不同，很会爬树。

美东囊鼠 体长 11~23厘米 尾长 4~12厘米

学名 *Geomys bursarius*

[食物]

（根或球根）

（种子）

（果实）

🔍 囊鼠的门牙是露在外面吗?

囊鼠是在啮齿类的松鼠同类里，唯一一生大部分时间都在地里生活的动物，因此有适合于地中生活的体型，像鼹鼠般前脚的爪子发达而强大，眼睛和耳朵退化。因为要咬食植物的根部或球根，上下门牙都很大而且露出外面。从脸到肩膀具有大型的颊囊，这也是囊鼠的特征之一。

● 囊鼠有适合于地下生活的体型，大型门牙很强硬，从外面也可以看到。脚爪为挖土而变得很强大；眼睛和耳朵都退化而变小，整个身体很像鼹鼠。

[囊鼠的巢]

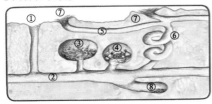

①出入口 ②躲避用的隧道 ③巢室
④食物储藏室 ⑤取食物的隧道
⑥紧急用隧道 ⑦堵塞隧道 ⑧厕所

■袖珍动物辞典

囊鼠

● 哺乳纲 ● 啮齿目 ● 土鼠科

囊鼠是北美洲的特产种。因其一生的大部分都在地下生活，所以具有适合于地下生活的体型。摄食地下茎、根、球根，并利用根部所含有的水分，因此不必喝水。身体的特征有从脸到肩膀的大颊囊，此颊囊并非口中颊部鼓起的，而为搬运用的袋子。此颊囊的入口向外开着，袋子部分的皮肤形成双重，用前脚将食物装在这里。

每年生产一次，5~7仔。小幼兽约3个月就成熟。除交尾期外都单独生活，不冬眠。天敌计有草原狼、臭鼬、老鹰、蛇等。

欧氏跳囊鼠 体长 10~11厘米
尾长 13~15厘米
学名 *Dipodomys ordi*

[食物]

（草叶和茎）

（豆类）　　（种子）

跳囊鼠不流汗也不喝水吗?

跳囊鼠生活在北美洲和墨西哥的沙漠与干燥地带。在沙地上跳跃前进是最好的移动方法。所以跳囊鼠又叫袋鼠型颊囊小鼠。它能够像袋鼠一样，利用发达的后脚和尾巴来跳跃。

跳囊鼠为完全的夜行性动物，因此月光明亮的夜晚就不从巢里出来活动。

耳朵很灵敏，几乎不流汗也不喝水，是它的特征。

● 跳囊鼠的生活

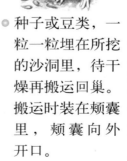

● 炎热的白天，躲在阴凉的洞内睡觉。巢内有储藏食物的场所。

● 种子或豆类，一粒一粒埋在所挖的沙洞里，待干燥再搬运回巢。搬运时装在颊囊里，颊囊向外开口。

● 发达的后脚适应于在沙地上跳跃，这也是唯一的武器。

■袖珍动物辞典
跳囊鼠

●哺乳纲 ●啮齿目 ●颊囊小鼠科

跳囊鼠前脚短小，用发达的后脚和尾巴来跳动，是北美洲产的松鼠的同类。但在欧亚、美洲北部、澳大利亚，在不同系统的老鼠的同类里，可以看到外形很像的种类。

几乎不喝水。这是因为可利用食物中的水分和食物在氧化分解时产生的水，并尽量浓缩排出的尿。为了要使皮肤的蒸发减为最少，汗腺很少，这和夜行性也有关系。具有敏锐的听觉。

并无特定的繁殖期，通常一次产1~5仔。

南非跳兔

体长 35~50厘米
尾长 34~50厘米

学名 *Pedetes capensis*

跳兔一次能跳多远?

生活在非洲南部的干性草原或干燥地区的跳兔，利用发达的后脚跳跃前进。通常一次会跳2~3米，有时候也会跳到6~9米。慢走或拾取食物时会用四脚移动。

单独或是一个家庭居住在筑有错综复杂隧道的巢内。跳兔是完全夜行性的动物，天亮以前就返回巢中休息。耳朵很灵敏，因此利用耳朵可以发觉敌人的接近。

[食物]

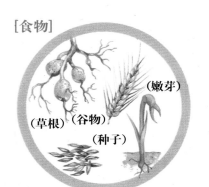

（嫩芽）

（草根）（谷物）

（种子）

●仔细看

长耳朵，在挖洞时完全靠拢背上，不使土粒侵入耳内。

[跳兔的巢]

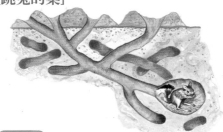

●仔细看

跳兔巢的出入口有四五个。通常一个集团生活在一个巢里，但一个巢室只住一只。

■袖珍动物辞典

跳兔

●哺乳纲 ●啮齿目 ●野兔科

前端尖而长的耳朵，大眼睛等，头形似兔类，但前脚短，后脚和尾巴长，并具有边跳边前进的姿势，与袋鼠相似。是与刺尾松鼠有接近血缘的种类，在系统学上的地位还难确定。完全夜行性，白天甚少从洞里出来活动。为非洲土著民族所喜好的食物之一。每年生产一次，被推测一次产1~2仔。繁殖率虽低，其族群密度却无减少的现象。

美洲河狸
体长 73~130厘米
尾长 21~30厘米

学名 *Castor canadensis*

河狸以什么著名?

河狸以筑水坝著名。分布在欧洲和北美洲寒带林中的湖泊和河流中。宽广而扁平的尾巴和有蹼的后脚，能适应水中的生活。

前脚适合抓住树木和枝桠的食物，趾头像松鼠会动，以强硬的下颚和门牙来咬断硬树，树倒后摄食或拿来做筑巢的材料。

[食物]

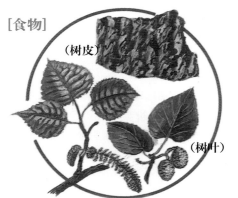

（树皮）

（树叶）

仔细看

[河狸的牙齿]

河狸的门牙很强，可以在10~15分钟的时间内咬倒直径30厘米的树，下颚也很强硬，门牙深深地嵌在这下颚里。

此门牙和其他啮齿类的门牙一样，一辈子都在生长。

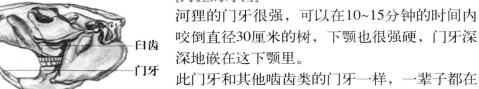

臼齿

门牙

● 河狸的巢和水坝

水坝　　　巢

土堤

巢穴

水坝　　出入口

◎ 如果河流或湖泊的岸边成为堤防而高于水位，河狸就利用这种地形而筑巢。

巢室里的水位升高时，就放开水坝的放水口，使水外流。

水坝用泥土和草固定而筑，上面再盖树枝。

把树枝储藏起来当冬天用的食物。

出入口

巢室露出水面。

巢是把泥土和草固定起来而筑成的。但中间有一处没有土的地方，从此可以调节空气。

紧急出入口

◎ 当没有适合筑巢的土堤的时候，堵住河流，用土和草混拌而堆到一定的高度，堰住河流而筑巢。巢室在巢中间比水面稍微高的地方，铺满了切碎的树皮。出入口通往水中。当巢室的水位升高，就放开水坝使水流出，如此调节水位。水坝若被破坏，则由整个集团的成员来修理。在巢周围的土堤上先做好几条搬运筑巢材料的运河。

河狸的生活

- 肛门附近，有一处会分泌油状物质的地方。用前脚取此油质物擦在全身的毛上，再用后脚第二趾来整理毛。这样可以预防体毛潮湿，也有防寒作用。

- 尾巴在水中，可以当操作方向的舵，并且也有桨跟螺旋桨的作用，在陆地，当竖起时可以支撑身体。但走路时只能拖着它，因此很不方便。

- 在陆上受到尾巴的妨碍，行动迟钝。因此常会受到草原狼、狼獾、水獭、山猫、野狼等袭击。遇到敌人潜入水里避难。

仔细看
母河狸用口咬住幼河狸并放在前脚，用此方法搬运。

- 河狸的后脚有蹼，适于水中游泳，在后脚的第二趾爪下面凸出一块爪状的突起。可以用来梳整体毛。

- 刚出生的河狸身长大约30厘米，尾长8厘米。身上长有柔嫩的毛，眼睛也展开了。生下即会游泳，但不善于潜水，因此常常会被鲇鱼和鸢捕食。生下约6个星期中，只靠吃母乳长大。

■袖珍动物辞典

河狸

●哺乳纲 ●啮齿目 ●河狸科

河狸有适合水中生活的体格。眼睛有瞬膜，耳朵和鼻子也具有瓣膜，可以防止水之进入。在水里能自由自在地游，大约可以潜入水里5~6分钟。听觉、嗅觉、视觉皆发达。警觉性高，到了夜晚，确定没有危险，才到岸上来。

交尾期为1~2月，4~6月生产，一次产仔1~8仔。河狸过一雄一雌以夫妻和其幼兽组成的单个家庭生活。

幼兽两岁时就独立成熟，以成对来筑新巢。

德比鳞尾松鼠 | 体长 27~38厘米 尾长 22~30厘米
学名 *Anomalurus derbianus*

仔细看
在身体侧面的飞膜，和尾巴
上的鳞片突起为其特征。

[爬树的方法和姿势]

仔细看
把尾巴贴在树上，先伸出后脚，
再伸出前脚。

鳞尾松鼠是利用鳞尾来爬树吗？

鳞尾松鼠生活在非洲热带雨林中。尾巴的基部有两排鳞片状的突起，利用此突起贴在树干上，就是再滑的树也能够爬上去。爪很长且呈尖钩状，也可以防止下滑。

四脚和尾巴基部之间具有飞膜。把飞膜像降落伞一样地展开，就好像鼯鼠或小鼯鼠，能从这棵树跳到另一棵树。

鳞尾松鼠和河狸一样，被认为是与松鼠有血缘关系的动物，所以叫做"松鼠"。但是在分类上的地位，还不能确定。

[食物]
（水果）
（花）
（叶）

■袖珍动物辞典
鳞尾松鼠
●哺乳纲 ●啮齿目 ●鳞尾松鼠科
鳞尾松鼠生活在非洲西部或中部的热带雨林中。体型像小鼯鼠和鼯鼠，是和河狸有密切血统关系的种类。尾巴基部的鳞片突起，前脚和后脚之间及后脚和尾巴基部之间的皮肤延长而成为飞膜，为其特征。尾巴基部的鳞片突起，在爬树时可以阻止下滑，飞膜可用于滑翔。
食性和繁殖情形还不清楚，可能以种子、水果、树皮等为食，一年生产一次，一次产1~2仔。

河狸、鳞尾松鼠

山狸

体长 30~46厘米
尾长 2.5厘米

学名 *Aplodontia rufa*

（多水分的草）

[食物]

（落叶树的
叶子或树芽）

● 很会爬树，能在
细枝间移动。

● 夏天收集许多
含水的草，储
藏在巢穴里。

[山狸的栖所]

树林

潮湿的土地

川、池、湖

● 山狸在河岸潮湿的土地上挖洞生
活。洞穴接近地面，直径10~25
厘米，长达数米而形成隧道。

山狸和河狸是同类吗？

山狸就像它的名字一样，很像河狸，但并不属于河狸的同类。而与大约500万年前所出现的啮齿类的祖先侧祖鼠接近，是啮齿类中最原始的种类之一。

在破晓或夜间，从水边的洞里出来到处走动。像松鼠善于爬树，像土拨鼠善于挖洞，又像河狸也会游水。

● 仔细看

吃东西时，把上半身立起来，动作像松鼠。

■袖珍动物辞典

山狸

●哺乳纲 ●啮齿目 ●山狸科

松鼠亚目的动物算是啮齿目里较原始的种类。其中最原始的就是属于山狸科的动物。山狸科在第三世纪的中期，曾在北美洲和亚洲最为繁盛。但目前沿着北美洲的落基山脉分布的山狸，是唯一的现存种类。可以说是活过200万年的"活化石"之一。也有像鼠兔在夏天里储藏草的习性，这种习性可说是生存竞争所获得的智慧。交尾在2~3月，一次产2~3仔，生产数不多。天敌是貂。

狐尾林鼠

体长 17~25厘米
尾长 12~23厘米

学名 *Neotoma cinerea*

[食物]

（果实）

（种子）

（叶）

 林鼠喜欢收藏什么？

林鼠生活在岩砾地区、森林、湿地等各种各样的地方。巢也因其所生活的地方而有各种各样的形式。有的在树上、也有的在地上造巢。

有趣的是，它们有个特殊的习性，会在巢里收集小石头或会发光或有颜色的东西。把这些东西搬走时，在原来的地方，会放下小石头来代替。

(仔细看)

林鼠的巢分布在树上、地底等各种地方。白天在巢内休息夜里才活动。巢内装满了收集来的各式各样的破烂东西。尤其喜欢会发亮光或有颜色的金属物质。

■袖珍动物辞典

林鼠

●哺乳纲 ●啮齿目 ●鼠科

林鼠分布在中美洲和北美洲。大约有20种，都是夜行性。在月明时，不会到外面来。其习性不清楚的方面多。生活在西部沙漠的林鼠，会收集仙人掌的碎片来筑巢。就这样，自然而然地由尖锐的刺来保护巢。年生产1~2次，一次产2~6仔。交尾期雄雌同住，但雌鼠怀了孕，雄的就被赶出。幼兽长大后，母鼠就离开了巢。

欧洲仓鼠

体长 24~34厘米
尾长 4~6厘米

学名 *Cricetus cricetus*

仓鼠是古老鼠类吗?

仓鼠类是褐鼠出现在地球以前，生活在北半球的古老鼠类。

仓鼠类的毛柔软，有颊囊，通常会冬眠，四肢短，身体矮胖，尾巴也短。

通常是挖洞造巢。欧洲仓鼠或大仓鼠的巢，在夏天筑造短又浅的巢，在冬天筑造长又深的洞穴。

仓鼠里金仓鼠为有名的宠物，又以实验动物而闻名，但这些种类虽外形温顺，但有时也会暴躁。

[食物]

（谷物）

（根）

（叶）

● 仔细看

仓鼠的颊囊，可以装令人难以相信的大量食物。因此有时候会变成很奇妙的脸形。

● 仓鼠的种类

金仓鼠
Mesocricetus auratus
体长 12~18厘米
尾长 1~2厘米

大仓鼠
Cricetulus triton
体长 18~25厘米
尾长 7~8厘米

● 被饲养的金仓鼠，是1930年在叙利亚被捕到的一只母鼠和12只幼鼠的母群繁殖而来的。以实验动物著名，厌恶潮湿，会冬眠。

● 仓鼠曾有在其颊囊里装42粒大豆的记录。分布在韩国、中国的东北部、乌苏里等亚洲的东部。

[欧洲仓鼠的巢]

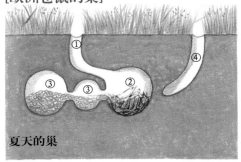
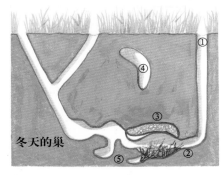

夏天的巢

冬天的巢

①出入口　②巢室　③储藏库　④第2隧道　⑤厕所

●欧洲仓鼠的生活

● 把装满在颊囊里的食物，吐出在储藏库。此时使用前面的两只脚。

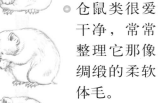

仓鼠类很爱干净，常常整理它那像绸缎的柔软体毛。

● 仓鼠通常一只单独生活，偶尔相会，会彼此闻闻体臭。至交尾期雄鼠会到雌鼠的巢来。

● 欧洲仓鼠并不很讨厌潮湿，食物减少，要搬到另一个地方去时，会鼓起颊囊游过河流。

■袖珍动物辞典

仓鼠

●哺乳纲　●啮齿目●鼠科

当宠物和实验动物的仓鼠，其正式名称为金仓鼠。

一般为夜行性，但也会在白天活动。在冬眠前会在大颊囊里装满食物，搬回巢里储藏起来。偶尔醒过来吃吃食物。通常以一只单独生活。

在饲育下的怀孕期是15日，一次生产6~12仔。幼兽约一个月后就离开母鼠。

天敌有鼬、黑尾鼬、鹫等多种。

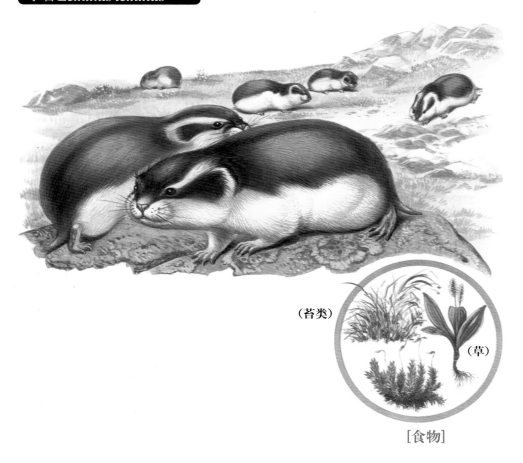

挪威旅鼠 体长 13~15厘米
尾长 1.5~2厘米

学名 *Lemmus lemmus*

（苔类）

（草）

[食物]

❓ 谁以"集体自杀"而闻名?

　　旅鼠是分布在北半球的啮齿类,以"集体自杀"而闻名。整年在标高60~100米的地方生活,夏天住在多地衣类的湿地,秋天会迁移到更干燥的地方。冬天在积雪下生活。

　　旅鼠每隔一定的时间,会增加或减少其族群。但有时也会繁殖过剩。这时,旅鼠会成集团地向别的地方开始迁移。如下山、穿越森林,有时候还会渡过冰河、河流甚至湖泊。由于只知往前行进,因此即使到达海岸尽头仍然往前行进而被淹死。这种集团行进被认为是在每4000平方米增加40~70只时,就会开始发生,因而有旅鼠之称。若是单独生活时不会发生迁移的现象。

环颈旅鼠 | 体长12~15厘米 尾长1~2厘米

学名 *Dicrostonyx torquatus*

旅鼠冬季在积雪下生活。在草间挖隧道，用苔来筑巢。因此不易被敌人发现，且很安全，又可得到食物。因此旅鼠冬季也可繁殖。

❓ 环颈旅鼠在冬天是什么颜色？

环颈旅鼠是分布在加拿大或亚洲极寒冷的冻土地带的旅鼠。冬天的体毛为纯白色。

环颈旅鼠和挪威旅鼠一样，繁殖过剩就有集团迁移的现象发生。挪威旅鼠是由高地向低地迁移，但环颈旅鼠在平原地是从北向南迁移的。

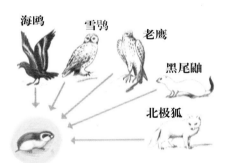

海鸥　雪鸮　老鹰

黑尾鼬

北极狐

旅鼠的敌人很多。

■袖珍动物辞典

旅鼠

●哺乳纲 ●啮齿目 ●鼠科

旅鼠的种类有12种，都分布在北半球。秋天如有丰富的食物，而冬天气候条件又良好时，多数的个体会越冬。到了春天，个体数会相当地增加。这样情形继续2~3年，会产生族群的大迁移。然而在这大集团里，由于荷尔蒙的异常分泌产生了一种恐怖与紧张感。使整个集团陷入一种恐怖状态，而盲目地开始了大移动。

怀孕期间为16~21天，一次生产3~9仔，1年生产数次。

●仔细看

到了秋天，旅鼠的第3、4趾头的爪，会长出角质厚爪。被认为是用来挖雪或冰，详情还不明了。

麝田鼠　体长 23~36厘米
　　　　　尾长 18~30厘米
学名 *Ondatra zibethicus*

麝田鼠擅长潜水吗?

　　麝田鼠分布在北美洲北部的沼泽或池塘、河流等水域。是喜欢吃水莲或香浦等水生植物的大型老鼠。

　　筑巢在水中或水边的土提上，甚似河狸的巢。巢的周围有网状的隧道，因此有时候会引起堤防的坍塌。麝田鼠的体型适合在水中生活，尾巴没有毛，在水中游时可以当作舵来使用。后脚趾头的一部分有小型的蹼，被敌人袭击时，可以潜入水中12分钟之久。

[食物]

（水生植物的根或叶）

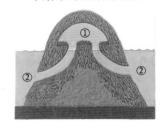

不结冰的沼泽内的巢

① ② ②

● 巢有两种，在不结冰的沼泽中积下水生植物来筑巢，里面用泥土使其坚固。有时会筑巢在池塘及河川的土堤上。无论哪种形式的巢，出入口都在水中。若水面结冰，就破冰而呼吸。

位于土堰的巢
① 巢室
② 出入口
③ 呼吸洞
④ 用草堵住的洞

冰

欧洲水田鼠
体长 12~20厘米
尾长 6~10厘米
学名 *Arricola terrestri*

● 麝田鼠的身体

○ 体型适合水中生活。尾巴缺毛，具有鳞片盖被，形成扁平状。后脚的一部分具有小形蹼。

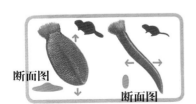

断面图

断面图

仔细看

河狸(左图)将尾巴上下摆动，麝田鼠(右图)则是向左右摆动。

❓ 水田鼠都生活在水边吗?

部分水田鼠生活在水边，但大部分都利用鼹鼠所筑的隧道在近地表处生活，生活形式和鼹鼠相近。善于游泳，当自己筑巢时沿着河岸挖隧道，出入口设在水中。

[水田鼠的巢]

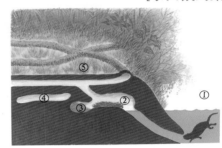

①出入口②巢穴③储藏库④隧道⑤鼹冢

■袖珍动物辞典

麝田鼠、水田鼠

●哺乳纲 ●啮齿目 ●鼠科

大型的水田鼠可以说是麝田鼠。麝田鼠以水生植物为主食，其他还吃贝类。冬天不储备食物，而挖水生植物的根来吃。

交尾期分布于北方的种类在春秋间，南方种类则是终年无定期。一年有数次生产期，一次生产5~7仔。母鼠生产后很快又交尾，因此繁殖很旺盛。

天敌有山猫、貂、鹫、草原狼、鳄鱼、水蛇等。在有些地域，为采其毛皮，而成为有用的动物而被饲养。

水田鼠繁殖力旺盛，会为害农作物或为筑巢破坏土堤，又成为种种病原体的传染媒介，因此可以说是啮齿类中最有害的一种。

旷野田鼠 体长 10~13厘米
尾长 3~5厘米
学名 *Microtus agrestis*

田鼠会破坏森林吗？

田鼠通常生活在草原，和红背田鼠同样是危害很大的野鼠。体型虽像红背田鼠，但爪大，毛光滑，耳朵短而成圆形，由此可以区别。

在草丛的草根下筑通道，在其下面筑巢。通道是拨开相绊的草筑的，因此敌人看不到田鼠的影子。

田鼠和其他鼠类同样，也有突然发生大迁移的现象。这时候会破坏森林，带来很大的灾害。

[食物]

（新芽）

（根）

（各式各样的草）

[田鼠的巢]

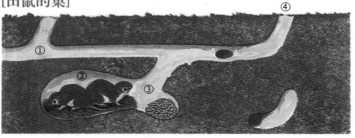

①地下通道 ②巢室 ③储藏库 ④出入口

● 田鼠的通道在草根下，如网四通八达。通道有草遮住，从上面看不见。

166

● 田鼠的分布

1公顷的密度为10只以下时(白点为1只)　　**1公顷的密度为200只以上时**

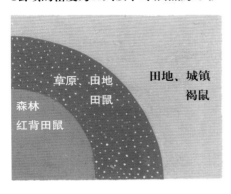

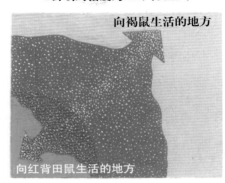

- 在一公顷的范围内，通常生活着10只田鼠(左)，若发生1公顷生活200只以上的特殊状况时，栖所会扩大到红背田鼠所生活的森林或褐鼠所生活的田地和城镇。而把红背田鼠和褐鼠从其栖所赶走。

● 田鼠的生活

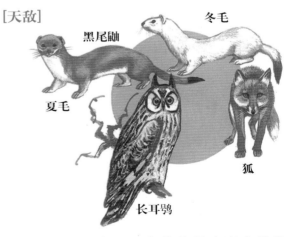

[天敌]

- 小竹开花结果、山毛榉多结果的时候，田鼠易繁殖过剩而发生大迁移。因此会啃杉或桧树的树皮，殃及林业。

- 天敌非常多，尤其是猫头鹰类是其克星。

欧洲红背田鼠 体长 8~12厘米
尾长 4~7厘米
学名 *Clethrionomys glareolus*

🔍 红背田鼠像田鼠一样有害吗?

　　田鼠生活在草原,但红背田鼠喜欢生活在森林的树下草丛里,或生活在河岸或山谷斜坡。

　　习性和体型很像田鼠,但善爬树,也常吃昆虫。食物里昆虫或其幼虫占了三分之一,其他则和田鼠一样吃落叶松和德国红松等的嫩树根和细根。但牙齿不强,因此其危害程度不如田鼠严重。

■袖珍动物辞典
田鼠、红背田鼠
●哺乳纲 ●啮齿目 ●鼠科
　田鼠以居草原为主。不分昼夜,每隔2~3小时就吃多量的草或根。繁殖期为3~12月,一次生产3~7仔。有时候一年生产12次。红背田鼠也可整年繁殖,两者都具有旺盛的繁殖力,但天敌多,因此死亡率也相当高。

原苏联盲鼠 体长 24~31厘米
尾长 2~3厘米

学名 *Spalax microphthalmus*

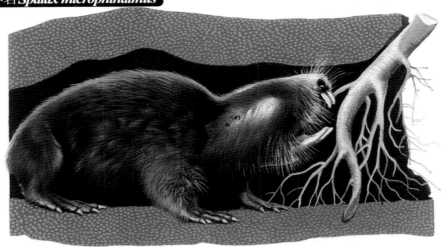

盲鼠的眼睛能睁开吗?

盲鼠是唯一眼睛没有睁开的老鼠。通常单独生活在草原，用极快的速度来挖洞，头当钻头，借着强大的门牙，把土块扒到后面，在巢附近可以看到它所扒出来的土块。巢依用途可分为数种巢室。

[食物]

(蒲公英的根)

(菊苣的根)

[盲鼠的巢]

储藏库

起居室
厕所

卧室

产房

通道

鬃鼠
学名 *Lophiomys imhausi*

体长 25~36厘米
尾长 14~18厘米

鬃鼠浑身长满鬃毛吗?

鬃鼠分布在非洲1200米以上的高地森林。夜行性,白天在树洞或石洞休息。后脚趾有一只和其他趾头相对,因此能抓住东西。故善于爬树,从头至尾巴基部都有鬃毛。

[食物]

(树叶)

①褐鼠	体长 22~26厘米 尾长 17~22厘米
学名 *Rattus norvegicus*	

②黑鼠	体长 15~24厘米 尾长 15~26厘米
学名 *Rattus rattus*	

❓ 家鼠有什么危害？

　　据说像纽约、东京等大都市，家鼠竟有当地人口的1~2倍。这种与人类生活在一起，而危害人类十分严重的鼠类以褐鼠和黑鼠为代表。

　　食性甚广，对环境的变化有很大的适应性。有如"老鼠会"一语，不断地在繁殖，如今大约住遍了全世界。对人类而言，家鼠只是病菌传播者和损害田地的害兽而已，毫无好处。家鼠中还包括鼷鼠等。

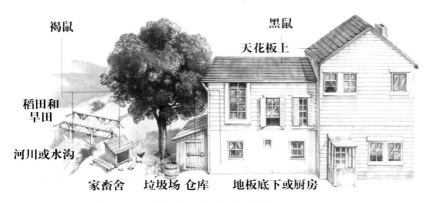

- 黑鼠和褐鼠的栖所有较明显的隔离现象。

　　原来生活在树上的黑鼠，把窝安在天花板上等高的地方。因厌恶寒冷和潮湿，所以很少靠近有水的地方。

　　部分褐鼠也会在地里生活。因喜爱潮湿的场所，故在地板下、垃圾场、水边、稻田和旱田都有它的踪影。

[褐鼠和黑鼠的差异]

褐鼠

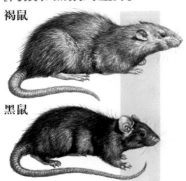

黑鼠

● **仔细看**

褐鼠耳朵小，尾巴短，体型
肥胖、粗短。黑鼠耳朵大，
尾巴长，体型细长。褐鼠比
黑鼠体型大，耳朵则黑鼠比
较大，往前垂下直达眼睛。

[牙齿]

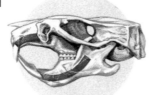

● **仔细看**

由于有强大的门牙，可吃各
种各样的东西。

● 家鼠的生活①

● 通常褐鼠一胎生4~10
仔，黑鼠则生6仔。年
产3~5次，则合计约
产50仔。其中99%自
然死亡。幼鼠出生时
眼睛闭着，2~3日才
能开，3星期后独立，
3~4个月即为成鼠。

● 黑鼠擅长爬绳，藏匿于船等交通工具
上，移居别的地方，而分布广泛。

● 生存的土地过于狭窄，则大群的移往
别的地方。褐鼠善于游泳，大河也可
渡过。

[食物]

蔬菜　鱼　木头

水果　野鸟　肥皂

谷物　鸡　鸭　电线　水泥

植物　动物　其他

172

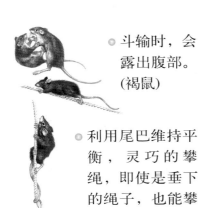

斗输时，会露出腹部。(褐鼠)

利用尾巴维持平衡，灵巧的攀绳，即使是垂下的绳子，也能攀援而上。(黑鼠)

探察周围的情势。(褐鼠)

利用尾巴，也能从直立的棍子上灵活地下来。(黑鼠)

好像手上沾着唾液，似擦脸动作。(褐鼠)

那他尔软毛鼠	体长 10~16厘米 尾长 8~18厘米
学名 *Praomys natalensis*	

那他尔软鼠的繁殖力有多强?

那他尔软毛鼠与非洲所产的黑鼠是近亲，一般黑鼠的乳头为五对，而那他尔软毛鼠有8~10对，有时甚至达十八对之多。在哺乳类中以乳头数最多而著名，因此繁殖力强。在食物摄取量多时一个月内甚至可以繁殖达五倍之多。

■袖珍动物辞典

家鼠

●哺乳纲 ●啮齿目 ●鼠科

以黑鼠和褐鼠为代表的家鼠，被认为都是生活在人家及其附近的一种老鼠，而黑鼠及褐鼠乃为不同种之鼠类。

黑鼠的原产地是东南亚。有比褐鼠更大的耳朵，但耳内无毛。

褐鼠的原产地被认为是在中亚细亚，但尚无定论。小耳朵内长着茂密的毛，常以家族单位生活。有明显的活动领域，对侵入者会展开激烈的战斗。出生80天后开始繁殖，大部分的成兽在一年之内死亡。

那他尔软毛鼠从外观看来与黑鼠类似。乳头的数目在8~10对以上，是繁殖力极高的老鼠。原来生活在草原、沼泽等地，现在也侵入了民宅。擅于爬树，可以潜入任何地方。

褐鼠及黑鼠都可传染鼠疫等各种传染病，可能是人类最大的害兽。

鼷鼠

学名 *Mus musculus*

体长 6~10厘米
尾长 5~10厘米

● 遇到敌人，会像在作揖那样，合起一对前脚而站立起来。这是攻击的姿势，并非在求饶。

● 鼷鼠听到乐器声，会疯狂地蹦跳，甚至于会死。因为它能感受超声波，所以对某些音波的声音特别过敏。

❓ 鼷鼠是近视眼吗？

鼷鼠也是家鼠的一种，但其生活力比褐鼠或黑鼠弱而不能共存生活。味觉、听觉甚发达，但其眼睛好像是近视眼。喜欢谷物和种子，因此通常在食物的储藏库中生活。但也有的生活在村落附近的森林里或储放肉类的冷冻库内。

● 经驯养的鼷鼠，往往用于各种生物实验的材料或当宠物赏玩。

■袖珍动物辞典

鼷鼠

●哺乳纲 ●啮齿目 ●鼠科

是啮齿目中分布最广的家鼠。原产地可认为是亚洲中部及地中海地方。疏毛鼷鼠是鼷鼠的变种之一，尾巴有环状的鳞片，体毛稀疏不多。尾巴长度约和躯体部相同。

原来是吃种子或谷物的，但和人类生活在一起，就成为杂食性。也有住在肉用冷冻库专吃肉的族群。有自己的生活领域，用尿来做标志。尿有独特的臭味，即所谓的老鼠臭味。大都是夜行性生活，繁殖期为整年不定期。年平均5次，一次生产5仔。怀孕期约20天，出生后6个星期就已成熟。寿命大约3年。天敌很多，如猛禽类、肉食性兽外，还包括褐鼠和蛇。

巢鼠

体长 5~7厘米
尾长 5~9厘米

学名 *Micromys minutus*

在土中挖个洞，堵住入口在里面过冬。但不进入冬眠状态。

巢鼠的生活有规律吗？

巢鼠是野鼠的一种。性温顺，体形小，可以放在手掌中，是外观很可爱的老鼠。

会利用小尾巴上上下下地扒草。尾巴末端没有长毛，所以易于捉住东西。

河岸、牧场、麦田、水田、海岸、山中的草原等只要长有禾本科的植物，就有巢鼠的生活场所。

一小时半摄取食物，一小时半睡觉。不分昼夜以每隔三小时的频率做同样的行为。

[食物]

（草和果实或谷物）

（螽斯或蝗虫）

[巢鼠的动作]

● (左图)使用长尾巴，可以放开前脚。(中图)躲避敌人。(右图)也会折弯曲草。

[巢鼠的巢]

● 仔细看

巢鼠的巢在离地50~180厘米的地方。用撕成细片的草叶子缠成一个直径10厘米大像皮球状的巢。里面铺有细软的叶子。

巢的里面

马来竹鼠 | 体长 25~35厘米
尾长 10~12.5厘米
学名 *Rhizomys pruinosus*

❓ 马来竹鼠只吃竹吗?

分布在中国南部及东南亚，是大部分生活在竹林里的老鼠。多以竹根为食，但也会吃别的植物。摄食时会发出大声，距离100米远的地方也听得到。具有大而强的门牙和小眼睛。

■袖珍动物辞典

巢鼠

●哺乳纲 ●啮齿目 ●鼠科

特征是尾巴和体长同长或是比它长。还有后脚5只趾头里1只和其他的相对，可以捉东西。利用这些趾头上上下下地爬柔软的草茎，或敏捷地在草间移动。

巢是将草叶子细撕织成的，叶根不去掉，而把它留下来。这样用活草筑成的巢，当草成绿色时巢也成绿色。秋天草枯萎了，巢也跟着变成咖啡色。这样巢就具有保护色，而很难被发现。出入口在侧面，所以很安全。

繁殖期为4~9月，一次生产3~7仔，生后15天就出窝。在自然界的寿命大约一年半。在野鼠中可算是温顺而无害的。但由于农业的现代化，缩小了其栖所范围，密度也减少了。

非洲跳鼠 体长 10~15厘米
尾长 15~25厘米
学名 *Jaculus jaculus*

[食物]

（草叶或种子）

？ 跳鼠的跳跃力强吗？

　　跳鼠是一种很像分布在北美洲的跳囊鼠的沙漠性老鼠。具有与其身体不相配的长后脚和为保持平衡的长尾巴。毛色通常与它所居住的沙漠的沙子颜色相近。跳鼠的种类很多，有些像老鼠一样有小小的耳朵，有些像兔子一样有很长的耳朵。

　　正如其名，具有跳跃力。被敌人追赶时，并不逃进巢内，会敏捷地奔跑逃掉。

　　因生活在沙漠很少喝水，炎热的白天在巢穴里睡觉，因此不冒汗。排出浓尿，防止排出不必要的水分。

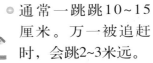

○ 通常一跳跳10~15厘米。万一被追赶时，会跳2~3米远。

● 跳鼠的种类

粗尾侏儒跳鼠

亚洲三趾跳鼠

西伯利亚跳鼠

跳鼠的生活

硬质沙粒

紧急出入口

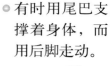

● 有时用尾巴支撑着身体，而用后脚走动。

● 里面凉爽，保持凉快。

● 巢为避雨挖斜面而筑。炎热的白天为避热气，入口用土堵起来。同时也为防止敌人的攻击。

● 用尾巴支撑身体，用前脚来吃食物。

● 会细心地整理尾巴。

● 跳鼠很像生活在北美洲的跳囊鼠。在同样的环境中过着同样的生活，即使是其分布地域相隔很远。体型长得很像。

■袖珍动物辞典

跳鼠

●哺乳纲 ●啮齿目 ●跳鼠科

和分布在北美洲的跳囊鼠同是沙漠地域的夜行性啮齿类。体型习性都很相似，但和跳囊鼠不属于同科。

长尾巴和长后脚为其特征。尤其是后脚跳跃力强，能以时速24千米的速度逃跑。用尖锐的钩爪，能很快地挖洞，白天在洞内休息。在最热的时期会夏眠，不储藏食物。

多半在雨季吃新叶，干季就吃种子。除了从草中摄取水分外，很少喝水。这是因在体内能有效地蓄储水分又排出浓尿，不排出多余水分的缘故。

通常一年生产两次，一次生产2~6仔。生后14周始成熟。寿命顶多6年。天敌有猫头鹰、狐、蛇等。

①欧洲睡鼠 体长 6~9厘米 尾长 5.5~7.5厘米

学名 *Muscardinus avellanarius*

②日本睡鼠 体长 7~8.5厘米 尾长 4.5~5.5厘米

学名 *Glirulus japonicus*

① ②

(橡树果)

(树皮)

(昆虫)

[食物]

❓ 睡鼠的冬眠很有名吗?

　　睡鼠很像松鼠，但是近于老鼠的同类。白天在巢里饱睡，夜里就出来活动。睡鼠的冬眠很有名，其他的啮齿类把食物储藏起来过冬，但睡鼠在秋天吃得饱满再做完全的冬眠。

● 仔细看

冬眠不依寒冷，而由秋天是否吃饱来决定。从白天的睡眠直接进入冬眠。

[睡鼠的冬眠场所]

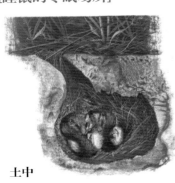

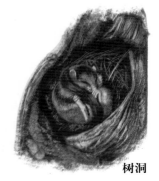

土中

鸟巢箱子

树洞

睡鼠在晚间活动。行动很敏捷。搭在小枝桠上吃果实，就是摇摆也能保持平衡。

● 在细枝上用尾巴来保持平衡，能奔跑般地走过树枝。

● 能在树枝倒吊着走。这样可以避免被敌人发现。

● 枝尖端的果实也能摘到。

● 冬眠期间体温下降。呼吸也几乎停止。下颚放在肚子上，把脚折到鼻头，尾巴卷在头和身上。身体硬硬地缩成一团，被推滚也不会醒过来。

● 睡鼠的种类

大睡鼠

眼镜睡鼠

● 大睡鼠是睡鼠中体型最大的种类。生活在樫树或山毛榉没有林地杂草的森林中。
眼镜睡鼠又叫金毛睡鼠。比别的睡鼠在地上生活的机会要多。常见于多岩石的地方。

■袖珍动物辞典

睡鼠

●哺乳纲 ●啮齿目 ●睡鼠科

像松鼠，但是近老鼠的同类。自成一科，大眼睛和长尾巴为其特征。分布在欧洲和亚洲。
以完全冬眠闻名。别的啮齿类为过冬会储藏食物，但睡鼠是能吃尽量地吃，储藏了脂肪冬眠。因此进入冬眠的时期不因寒冷的程度，而以吃了多少来决定。体温随着气温下降，但到一定的体温(约0℃)就不再下降。因此有适当的体温调节。心脏和呼吸机能低下到几乎停止。这冬眠的确是一场深眠，因此在此期间常遭乌鸦、狐等许多天敌的杀害。从冬眠中醒过来，立刻交尾。经23~24日的怀孕期后，一次生2~7仔。幼鼠生后40天就独立。

鬃毛豪猪 | 体长 60~80厘米
尾长 4~9厘米

学名 *Hystrix cristata*

有在树上生活的豪猪吗?

豪猪可分为两大类:一类是分布于欧、亚、非洲在地上走动的,另一类是分布于美洲在树上生活的。前一类豪猪里具代表性的鬃毛豪猪(冠毛豪猪)是最大型的啮齿类之一。在欧洲其体型仅次于河狸,和其他啮齿类同样有强健的门牙。

豪猪以背上和尾部有尖锐如针的刺而闻名。这刺是由毛变化而成的。刺有短粗和细长的两种。刺容易拔掉,也有末端有倒向的钩子。因此刺入敌人的身体,越动会越陷入肉里,有时候还会刺死敌人。

[食物]

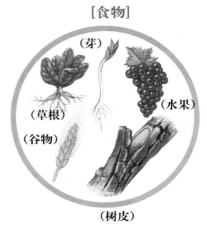

(芽)

(水果)

(草根)

(谷物)

(树皮)

[豪猪的刺]

● 仔细看

黑白斑纹的刺,中间是中空的,容易拔掉。也有末端有反钩的。长刺长有30厘米以上,直径6毫米。

● 豪猪的生活 ② [豪猪的巢]

● 仔细看

巢的隧道，有
时长达18米：
①主要出入口
②紧急出入口
③通道
④巢室

● 豪猪常会啃骨头，这是啮齿类的特征。
因其门牙会一直成长，需要时常使用把
它磨掉。还有因吃骨头，摄取骨头里所
含的磷和石灰，作为形成刺的营养。

● 因豪猪吃骨头，在非洲就成为草原的清洁夫。

● 大型的肉食动物捉
到食物。

● 剩下的由鬣狗或
非洲豺狗来吃。

● 秃鹰接
着吃。

● 剩下的骨头则是
由豪猪来吃。

● 大部分的肉食动物都知道豪猪的厉害。袭
击豪猪的，只有无法捕捉行动敏捷的动物
的衰老肉食性动物。豪猪受到袭击会竖起
全身的刺，发出声音来吓唬。敌人还不走
开，它会竖立着刺往后倒退。刺在豪猪的
皮肤上只松松地长着，因此很容易掉。它
就这样将刺刺向敌人。

豪猪的进化

◎ 长尾豪猪距今1500万年前已经出现在地球上。冰河时代已广泛分布在欧洲、亚洲和非洲。在李斯冰期和乌尔姆冰期的间冰期的欧洲，很可能和猛犸象等一起生活。

◎ 原始的长尾豪猪或丛尾豪猪没有刺。最进化的印度豪猪的尾端，有像念珠状的东西。一兴奋就会鸣。

长尾豪猪

印度豪猪

非洲丛尾豪猪

苏门答腊豪猪

马来豪猪

■袖珍动物辞典

豪猪

●哺乳纲 ●啮齿目 ●豪猪科

体表有刺。通常称为豪猪的有由亚洲到非洲所分布的豪猪科的动物外，还有分布在南北美洲的攀树豪猪。

前者的豪猪生活在有岩石的山地，单独或成对的生活。善于挖洞，因此白天在自己所挖的洞里过，夜里为觅食而出来活动。

繁殖期是春天，一次生产2~3仔。刚生下的幼豪猪也有刺，但短而软。这种刺生后10天内就会变硬。幼豪猪起初具有黑白相间的条纹。

因豪猪具有尖锐的刺，好像没有敌人。但经验丰富的豹或非洲狗会把豪猪踢翻，使其柔软的下腹朝天而袭之。

①北美豪猪	体长 65~86厘米 尾长 14~30厘米
学名 *Erithizon dorsatum*	

②薄刺豪猪	体长 43~46厘米 尾长 25~28厘米
学名 *Chaetomys subspinosus*	

③卷尾豪猪	体长 30~60厘米 尾长 30~45厘米
学名 *Coendou prehensilis*	

①

②

③

后脚没有大拇趾但有一突起。这一突起能代替大拇趾捉住树枝，尾巴能卷树枝。

●仔细看

哪种豪猪善于爬树并且刺短?

在北美洲和南美洲，有和欧亚或非洲不同的另一种豪猪，善于爬树并且刺短。

北美的豪猪只分布在北美洲和墨西哥北部。生活在森林里，刺虽短但分布于全身，有三万支之多。

卷尾豪猪把长尾巴卷在树枝上而吊下来，有用尾巴的上面当内面来卷住树枝的特殊习性。

（树叶或芽）

（三叶草）

（树皮）

[食物]

■袖珍动物辞典

攀树豪猪

●哺乳纲 ●啮齿目 ●美洲豪猪科

攀树豪猪生活在中美洲和南美洲的森林中。能卷住东西的长尾巴是其特征。它的卷法是将尾巴的上面当内面来卷。后脚趾没有拇趾，只有4趾，以一突起来补充。以此突起和另4趾能握紧树枝。有这些特征，所以能很好地爬树。

人们对它的习性不太清楚。

繁殖期也不明，但怀孕期是200天以上。幼豪猪在母胎内发育到相当的程度后才出生。生下来不久就离开母豪猪而独立生活。据说生下来2天后，就可爬上树去吃树叶或新芽。

南非隐鼠

体长 15~21厘米
尾长 1.5~4厘米

学名 *Georychus capensis*

生活在非洲南部的砂地，以强健的趾爪和强大的门牙来挖洞。尾巴两侧有毛，帮助把土推出。部分种类的下颚门牙特别长，可把门牙当成铁锹来挖洞。

● 隐鼠会乱挖隧道。因此有时候走在路上的马车会陷下去或造成铁轨下陷，引起灾祸。

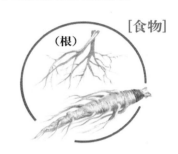

[食物]
（根）

裸隐鼠

体长 8~9厘米
尾长 3~4厘米

学名 *Heterocephalus glaber*

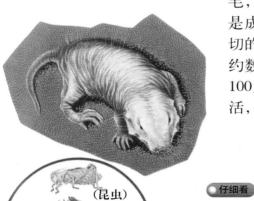

（昆虫）

（地下茎）

（根）

[食物]

❓ 裸隐鼠一生都生活在地下吗？

因为身上只长有稀疏而细长的体毛，看起来很像刚出生的动物。然而它是成熟的动物，是与豪猪血统关系较密切的种类。以强大的门牙在沙地的底下约数厘米到一米的地方挖隧道，而以约100只的集团生活。大约一生都在地下生活，偶尔夜间也会到地上来。

● 仔细看

[身体的构造]

身体的构造是适合于地下生活的。强大的门牙，有如铁锹的效用，可以挖土。稀疏而细长的体毛，具有感觉作用。眼睛和耳朵退化成痕迹状，尤其是外耳完全退化。后脚底有毛，便于推出泥土。

大甘蔗鼠

体长 35~61厘米
尾长 7~25厘米

学名 *Thryonomys swinderianus*

大甘蔗鼠单独生活吗?

生活在非洲中部和南部长有苇草的水边。以一只单独生活,不分昼夜动个不停。吃苇草的嫩芽或根及甘蔗等。不挖隧道,在苇草最茂盛的地方剪草来筑巢育子。会危害甘蔗,在当地是有害的动物。

● 最可怕的敌人是蟒蛇。

[食物]
(苇草)
(甘蔗)

岩鼠

体长 14~20厘米
尾长 13~18厘米

学名 *Petromus typicus*

岩鼠是谁的近亲?

生活在非洲南部的岩石或多石砾的沙地上。被认为是裸隐鼠的近亲。身体的两侧各有2~3个乳头。

■袖珍动物辞典

隐鼠、甘蔗鼠

●哺乳纲 ●啮齿目 巨牙鼠科、甘蔗鼠科

隐鼠类外观和习性都很像鼹鼠,但是巨牙鼠科的啮齿类,和鼹鼠是属于别科的动物。

挖洞,多半在地下生活,但夜里有时候也会到地面上来。挖洞时使用发达的门牙。

洞内储藏食物,遇到洪水或土硬无法向前挖时,就吃这些食物。

在地下生活,但也会受到天敌的袭击。会被非洲蜜獾或狐等挖开洞而捕食,又会被老鹰或猫头鹰将爪插进土里而被捕食。

繁殖期通常在雨季,怀孕期约1个月。一次生产2~4仔。

甘蔗鼠科的非洲甘蔗鼠,它的生活可说是完全依靠苇草,但因对甘蔗园危害极大,所以被视为害兽。

①秘鲁豚鼠	体长 22~34厘米 尾长 0厘米
学名 *Cavia tschudii*	

②岩豚鼠	体长 36厘米 尾长 0厘米
学名 *Kerodon rupestris*	

①

②

○ 吃草原上所有的草。

○ 岩豚鼠是一种很像豚鼠的同类。但脚更长，只分布在巴西干燥的岩石地带。

[天竺鼠]

短毛种

黑白长毛种　　　　白色长毛种

○ 豚鼠已被家畜化，而广泛地被饲养在世界各地。称为家豚鼠，又名天竺鼠。是家喻户晓的宠物。为生理学、医学等各种生物实验上的实验动物。是和人类同样无法在身体内合成维生素C的少数动物之一。因此能应用于营养、血清、遗传学的研究用。

秘鲁豚鼠有尾巴吗?

是在南美大陆特殊进化来的鼠类。矮胖的身材，没有尾巴。以5~10只成群在南美的草原上挖洞而生活，偶尔也利用别的动物遗弃的洞穴。

非常胆怯，一感到有危险就逃进洞穴里。在夜间活动，在草丛里有固定的觅食通道。

○ 幼兽睁开眼睛，长毛后才出生。出生后2~3小时就会跑，但要经3星期后才断奶。

■袖珍动物辞典

豚鼠

●哺乳纲 ●啮齿目 ●豚鼠科

以实验动物或赏玩动物而被家畜化的豚鼠，又以天竺鼠最有名。野生种只分布在南美洲，毛色多种，但白色为最多。普通的短毛种接近野生种。又有一名叫奎安那豚的野生种白天躲在穴中，日落后才活动。肉质佳因此常成为狩猎对象。一产1~4仔，年生1~2次。至于家畜化的怀孕约60日，一次便产6仔。

兔豚鼠

体长 69~75厘米
尾长 4~5厘米

学名 *Dolichotis patagona*

[食物]

（各种草）

兔豚鼠和野兔像吗？

像野兔的兔豚鼠，也是特别接近豚鼠的种类。生活在南美洲干燥的草原。脚细长，后脚的钩爪成为蹄状，是便于奔跑的体形。

以约40只成群而生活。也会挖洞，习性也像野兔。野兔和兔豚鼠是在相隔遥远的两地，因适应相同的环境而向同一方向进化的好例子之一。昼行性，喜欢日光浴。

● 盐漠兔豚鼠分布在比兔豚鼠更北部的巴塔哥尼亚的沙漠，习性很像兔豚鼠。

● 仔细看

就老鼠类来说脚太长，因此伸出前脚，臀部着地而坐，会像猫那样洗脸。

● 母豚鼠坐着授乳，因此幼豚鼠也坐着吃奶。

● 跳跃也很拿手，大约可以跳2米，但没有野兔跳跃能力好。

■袖珍动物辞典

兔豚鼠

●哺乳纲 ●啮齿目 ●豚鼠科

与豚鼠有接近血统关系的啮齿类，生活在南美洲干燥的草原或矮树地。四肢长，适合于行跑。体型、习性都像野兔。是昼行性以及草食性。乳头在身体两侧。肉味比豚鼠劣。年生1~2次，一次生产2~5仔。

水豚
学名 *Hydrochoerus hydrochaeris*
体长 100~130厘米
身高 53厘米

❓ 谁是"南美的河马"？

看起来一点也不像老鼠，但是分布在南美洲的大型啮齿类，也可说是世界上最大型的啮齿类。

体型很像陆上生活的动物，但一天的大半时间都泡在水里。属于半水栖动物，又叫"南美的河马"。长期不泡水，皮肤会裂开，这也很像河马。

以10~20只结成群，生活在沼泽或河川、湖泊等附近的森林里，不自挖洞穴，在地面的低洼处休息。性温顺，发觉危险时立刻潜入水里等敌人离去。通常在大清晨去觅食，是完全的草食性动物。

[食物]
（水生植物）
（牧草）
（树皮）

◎ 大河川也能悠哉地游过。

水豚的生活

仔细看

只露出耳朵、鼻子、眼睛在水面游泳。这是半水生动物的共同特征。

体型矮胖，但和河马一样，大半都是脂肪，因此在水中几乎没有重量感。

来到牧场，与牛一起吃草(其姿态清晰可见)。不喜争斗。

天敌很多，但最常被美洲虎袭击。此外还会遭到水蚺或蚺蛇等大型蛇袭击，水蚺还会追到水中来。

趾间有蹼，尤其是后脚的蹼更明显。

尤其爱吃水生植物，常看到把身体在水中泡到胸部，站着吃水草。

[各种半水栖动物]

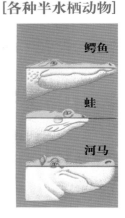

鳄鱼

蛙

河马

■袖珍动物辞典

水豚

●哺乳纲 ●啮齿目 ●水豚科

大的体长达1.3米，体重约54千克。在一般体型较小的啮齿类里，是体型最大的动物。虽是老鼠的同类但身体大，习性又像河马因此有时被称为"南美的河马"。另有水豚鼠、鬼豚鼠等的别名。

从巴拿马分布到南美洲的巴拉纳河附近。生活在靠近沼泽、河川、湖泊的森林。非常胆怯，一发觉有危险就一心一意地逃，立刻跳入水中。能做相当长时间的潜水。

是完全的草食性动物，尤其爱吃水生植物。有时也会吃谷物和水果，因此会被视为害兽。

怀孕期约120天。一年生产一次，一次产2~8仔。幼水豚发育很快，和母亲一起生活到下次繁殖期。

灰蹄鼠
体长 50厘米
尾长 2厘米
学名 *Dasyprocta fuliginosa*

灰蹄鼠用什么方式逃避袭击?

是与豚鼠和水豚有接近血统关系的啮齿类。奔跑速度快。正如马为适应跑,脚底变成一只蹄。蹄鼠的后脚也只有三趾,有像蹄的弯曲钩爪。常受美洲虎或南美野猫等肉食动物的袭击,但不像别的啮齿类那样逃进巢穴,而是用奔跑的方式逃走。行动敏捷,即使丛林也能穿越过去。

◉ 跳跃力很强,不用助跑可以跳至6米。

[食物]

(树叶)

(根)

(鸟蛋)

(水果)

◉仔细看

因为脚和爪不像啮齿类,而是像有蹄类的脚和蹄,所以善奔跑。以啮齿类来说脚算是长的,爪像蹄,后脚只有3趾。

◉ 善游泳,像水豚会潜水。

[小蹄鼠]

圭亚那小蹄鼠

◉ 小蹄鼠的体型比蹄鼠小一点,是蹄鼠的近亲。使用尾巴和同类互通信息。

■袖珍动物辞典

蹄鼠、狛狍

●哺乳纲 ●啮齿目 ●蹄鼠科

蹄鼠是分布在中美洲到南美中部的大型啮齿类。夜行性,白天在巢穴或岩石下睡觉,有时会挖洞来储藏食物。怀孕期为3个月。通常一胎产2仔,以相当成熟的形体出生。天敌是肉食兽,尤其是南美野猫、美洲虎。
狛狍是像山猪的啮齿类,本来是在陆上生活的动物。年2产,通常一胎产1仔。天敌是鳄鱼和水蚺。善于游泳和潜水。

斑狓猭
体长 65~80厘米
尾长 2~3厘米
学名 *Cuniculus paca*

[食物]

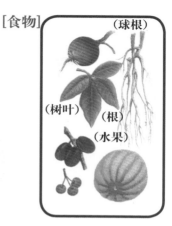

（球根）
（树叶）
（根）
（水果）

❓ 斑狓猭和山猪像吗?

是生活在墨西哥到巴西森林的水边的大型啮齿类。头幅宽，体格强壮，很像山猪。也有与山猪共同的习性，多半在夜里出来活动。巢造在岩石或树根下，挖洞时不只使用四只脚，还用门牙。

①出入口　②巢室　③紧急出入口(太平门)

● 在林地的杂草里，有着像隧道般的通道。夜里出来走动。

伪狓猭
体长 73~79厘米
尾长 20厘米
学名 *Dinomys branicki*

❓ 伪狓猭食量大吗?

伪狓猭是继河狸、水豚的第三大啮齿类动物，生活在南美安第斯山脉东侧的森林里。长有长胡子，尖锐的长弯爪，和一条相当长的尾巴。吃东西时坐下来使用前脚，以惊人的食量闻名。是性情温顺的动物，易驯熟。

（仔细看）
吃东西时会坐下来。

大绒鼠

体长 47~66厘米
尾长 15~20厘米

学名 *Lagostomus maximus*

[食物]

（各种的草）

山绒鼠

山绒鼠有何习性？

山绒鼠的习性稍似绒鼠，故有此名。生活在山谷中，水和食物皆很容易获得。白天做日光浴，黄昏时活动，天黑前回到岩石裂缝的巢里。

大绒鼠喜欢收集什么？

生活在南美草原，是与绒鼠有密切血统关系的同类。在地下造筑所谓绒鼠道的长大隧道。通常以15~30只，有时也会以70只以上的集团生活，过着类似分布在北美洲的草原犬鼠般的生活。很爱干净，巢的出入口附近堆有像垃圾场的泥土。喜欢收集石头、树根、骨头或人类所掉落的东西。

[绒鼠的巢]

①出入口　②巢室
③通道　④垃圾场

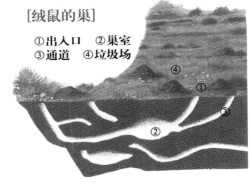

■袖珍动物辞典

绒鼠、山绒鼠

●哺乳纲 ●啮齿目 ●绒鼠科

绒鼠是生活在南美草原的大型啮齿类。体格粗壮，有适合挖洞的脚趾。夜行性，黄昏时离开洞穴活动。草食性，因为也吃食牧草，所以被视为害兽。怀孕期为5个月，一年生产一次。9月左右生产，一次产2仔。
山绒鼠的怀孕期为3个月，年产2~3次，一次产1仔。人类为吃食其肉与取其皮，大量捕杀，现已面临绝种。

绒鼠

体长 25~26厘米
尾长 17~18厘米

学名 *Chinchila laniger*

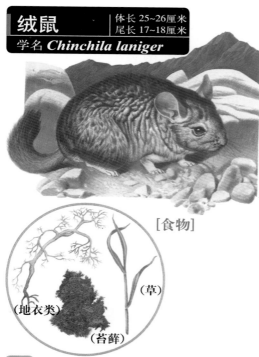

[食物]

（草）

（地衣类）

（苔藓）

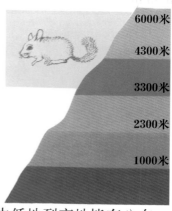

6000米
4300米
3300米
2300米
1000米

❓ 野生绒鼠已经面临灭种了吗？

野生的绒鼠目前只分布在南美智利北部的高山地带，是已经面临灭种的动物。因为其毛皮非常柔软、品质甚良，而遭欧洲人的滥杀。在玻利维亚、智利、阿根廷一带的安第斯山脉曾有很多。

在黄昏和破晓时活动，白天有时候会在自己巢前晒太阳。善于爬山，一口气能爬上8~10米的山崖。

◎ 绒鼠的毛，从古到今是印地安人生活中所不可缺少的。

◎ 曾经由低地到高地皆有分布。由于被滥捕杀的结果，如今分布的范围已缩小到智利北部的一小部分。在3000~6000米间干涸的岩石地过集体生活。

类似的种类——大绒鼠，分布在玻利维亚。

■ 袖珍动物辞典

绒鼠

●哺乳纲 ●啮齿目 ●绒鼠科

毛在稍带蓝色的灰毛里掺有一些黑色花样。以毛皮的品质美观闻名于世。目前野生的只住在智利北部的高山地区。

生活在几乎没有水的干燥地带，所需水分由草或露水来补充。常过集体生活，但却一直保持一辈子的成对关系。通常年产1~3次，一次产5~6仔。怀孕期约100天左右，幼鼠出生后2~3小时就会跑动。

美洲巨水鼠 体长 40~63厘米
尾长 30~40厘米
学名 *Myocastor coypus*

❓ 美洲巨水鼠是怎样变成野生的？

原产地为南美洲，但现在已生活在北美、英国、欧洲大陆的一部分、原苏联及日本等地。这是为取其毛皮引进后，从饲养场逃走而变成野生化的。在南美，生活在水边，在水生植物丛里挖隧道筑巢。通常单独生活，而在黄昏至夜里活动。

能边游边吃。草上若带有泥，会把泥土洗净后再吃。

[食物]

（水生植物）

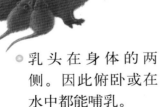

○ 乳头在身体的两侧。因此俯卧或在水中都能哺乳。

[口的形态]

第二嘴

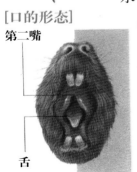

舌

仔细看

美洲巨水鼠的嘴在门牙后就被塞住。其后有所谓第二嘴，第一嘴挑选能吃的食物后，便进入了第二嘴里。

■袖珍动物辞典

美洲巨水鼠

●哺乳纲 ●啮齿目 ●美洲巨水鼠科

美洲巨水鼠是全长近1米的大型啮齿类，后脚有蹼，身体构造适合水中生活。多在沼泽地，行水陆两栖生活。摄食挡住水流的植物，能使水流畅通。但也会糟蹋农作物，因此被视为害兽。怀孕期为100~130天，年产2次，一次产9仔，繁殖期不定期，幼鼠生后2~3小时就会走动。

栉趾鼠（梳趾鼠） 体长16~20厘米
尾长1~2厘米

学名 *Ctenodactylus gundi*

阿栉趾鼠何时出来觅食？

生活在非洲北部的岩石或多砾的山地上。与豪猪或鼠类有接近的血统关系，其分类学上的地位还未确定。外观像豚鼠，如绸丝般的长毛，没有防水作用。因此最忌雨水之潮湿。在早上和黄昏时出来觅食，因此阿拉伯人称此时刻为"栉趾鼠的外出时间"。

○ 常装死。可停止呼吸1分钟，有时甚至可装死几小时之久。

○ 把爪嵌入岩壁的凹处，就能爬上陡峭的断崖。这是因为后脚内侧的两只趾头长有梳子般的硬毛。

[食物]

（禾本科植物）

○ 白天不热时，会在岩石上晒太阳。伸直后脚以俯卧的姿势来晒，过热时就躲进岩荫里。

仔细看

后脚趾头，长有如梳子般的硬毛。

■袖珍动物辞典

栉趾鼠

●哺乳纲 ●啮齿目 ●栉趾鼠科

栉趾鼠在岩石或多石头的山地生活，藏身于岩石下。由于毛色与岩石相近，所以在多岩的地方可形成保护色。

通常1只或数只过小群体生活。以腹部几乎可摩擦到地面快速地走动。繁殖情形不详。幼鼠生下后会立刻睁开眼睛与走动。

犬

谁是食肉类中最适于奔跑的?

犬类在食肉类中，是最适于奔跑的一群。有苗条的身体构造，又具有各种适合于奔跑的能力。延长的嘴巴表示有尖锐的嗅觉。

犬齿很利，臼齿呈现复杂的形状，便于撕肉。

犬科动物里，有些种类经人饲养后繁衍，成为人类最好的伴侣之一。

● 犬的同类不会冒汗，但会伸出舌头，加速呼吸来调节体温。这种行为叫做"舌头散热作用"。

● 犬的鼻子常湿润着，被认为由此获知味道传来的方向，其嗅觉的敏感度强于人类的100万~10亿倍。

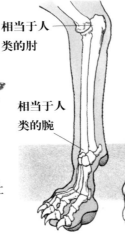

相当于人类的肘

相当于人类的腕

拇趾

脚底鼓起的肉垫

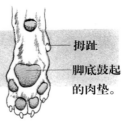

仔细看

和其他擅跑的动物一样，犬也是利用脚趾来走、跑，因此不常使用的大拇趾变小。为减少地面的冲击，脚底鼓起成为肉垫。

犬的同类大多数是以追跑的方式获取猎物。就是大型的草食性动物，也会追赶到对方疲惫为止。然后再捕杀之，因此通常结群而行动(非洲豺犬)。

○ 长大的雄犬会以尿来标识自己的领域。犬可依尿味辨别其年龄或大小(家犬)。

○ 用嗥叫声来和伙伴们联络(草原狼)。

○ 犬类善于游水，有狗爬式的游法。

○ 小犬爱玩，很调皮，这也是捕捉猎物的一种训练(狼)。

○ 犬的同类，通常都会吃食腐肉(狼)。

○ 睡觉时，挖洞或在草上缩成一团来睡(狼)。

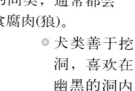

○ 犬类善于挖洞，喜欢在幽黑的洞内(狼)。

○ 在强大的雄犬面前，较弱的雄犬会仰卧，现出其咽喉和肚皮以示服从(狼)。

○ 变成家畜的犬类，会看守绵羊来帮助人类(家犬)。

世界的野生犬

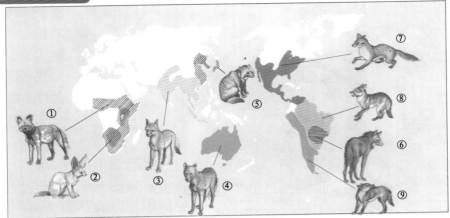

①非洲豺犬：通常以数只成群生活。一天两次，由领导者带领外出狩猎。

②大耳狐：生活于沙漠里，到处摇动大耳朵以听取声音来保身。

③亚洲豺犬：通常结群生活，大多以鹿类为主要猎物，性凶猛。

④大洋洲野狗：被认为是早期人类引进澳大利亚的野生狗。

⑤狸：脸形像浣熊，但被认为是接近类犬类祖先的原始型种类之一。

⑥鬃狼：犬类里最接近狐类的种类，多半在夜间活动。

⑦灰狐：属于原始型的犬类，又叫做攀树狐。是完全夜行性的种类。

⑧食蟹狐：亦属于原始型的犬类，虽又名为食蟹犬，但主要食物并非蟹类而是昆虫和水果。

⑨寇巴俄狐：体型很像狐，分布在南美洲，很温顺。

■袖珍动物辞典

犬

●哺乳纲 ●食肉目 ●裂脚亚目 ●犬总科

现在的食肉类可分为以海狗或海豹等的鳍脚类和猫犬等的裂脚类两大系统。裂脚类又可分为猫、鬣狗等的猫类和狗、熊、浣熊、鼬鼠等的犬类。裂脚类的共同祖先是原鼬。在渐新世(约3600万~2500万年前)出现了犬类的祖先原犬。它有长的上肢和撕裂肉的利齿及发达的大脑。以后从更新世(约300万年前)到现在，又分化了狼、狐、非洲豺狗等动物，再后更出现了人类家畜化的家犬祖先。

至于犬科的动物在山中、森林、草原、沙漠等的适应力都很强，食物也从肉食到杂食变化很多。

发情期依种类而异。通常年产1~2次，一次产1~12仔。

狸

体长 50~68厘米
尾长 13~20厘米

学名 *Nyctereutes procyonoides*

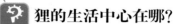

狸的相貌很像浣熊，但系统上并不相近，是近犬类祖先型犬科动物。

狸的生活中心在哪?

犬的同类原来生活在森林里，但渐渐适合于草原的生活，而进出于草原。其中狸还是以森林为生活中心。脚短体长的狸，被视为近于犬类的祖先的原始型动物。善于爬树。其食物范围极广(从昆虫到植物)，这也是它被视为原始型种类的原因之一。在其所分布的北限附近，狸在冬天则在巢里迷迷糊糊地睡觉度过，这并非真正的冬眠，只是越冬而已。

(水果)

(栗子)

(谷物)
(蛇)

(田螺)

(昆虫)

(野鼠)

(蛙)

[食物]

受惊时会装死。

在秋季吃饱后就开始越冬，若没有食物就出来边走边找。

繁殖期时，雌雄都会撒尿，以示自己的领域。

■袖珍动物辞典

狸

●哺乳纲 ●食肉目 ●犬科

狸为亚洲东部的特产种，多分布在西伯利亚东部到中国、日本。欧洲也有一些，但都是人为引进后的野生化的狸。

生活在平地至低山地，白天在低洼地、树洞或其他动物所遗弃的洞穴内睡觉。属夜行性。

爱干净，大便排在固定的地方。交尾期为2~3月，怀孕8星期，一次产1~8仔。幼兽秋天时就可独立，但越冬时仍与父母住在一起。

灰狐

体长 40~73厘米
尾长 27~44厘米

学名 *Urocyon cinereoargenteus*

[食物]

（水果）

（松鼠）

（鸟和鸟蛋）

（老鼠）

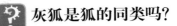

灰狐是狐的同类吗？

虽有"狐"的名，也有像狐的地方，但并不是狐的同类。是近狸而继狸后近于原始型犬的种类。下颚骨和爬树的姿势像狸，故又称为攀树狐。

完全的夜行性，生活在大型食肉类动物不能进入的森林深处的丛林中。

食物也是杂食性，分布在北方的到了冬天就如狸般进洞内过冬。

○ 在冬天积雪的地区，就在洞里迷糊的睡觉，并非真正的冬眠。

■袖珍动物辞典

灰狐

●哺乳纲 ●食肉目 ●犬科

灰狐的习性与狐狸相近，被视为近于南美产的犬科的祖先型动物。毛呈灰色，极为受到珍视。

夜行性，白天在洞穴或岩石的裂缝、丛林等处休息。善于爬树，不只是在被追赶时，平时也常在树上。所以又名攀树狐。

怀孕期为两个月，春季生2~7仔。约5个月后，夏末至秋天时，幼兽便开始单独生活。天敌是野狼、美洲豺犬、大山猫等。

○ 不但能爬上倾斜的树木，就是直立的树木也能爬。以后脚嵌入树里，使身体往上爬。下来时，头在上，以后退的方式下来，以前脚抓进树干，这与狐的爬树方式大不相同。

大耳狐

体长 50~70厘米
尾长 23~35厘米

学名 *Otocyon megalotis*

大耳狐有一双大耳朵。生活在干燥的地方。利用表面积很大的耳朵向外发散多余的体温；又把这大耳朵转向各方向来听取声音。生活在沙漠的大耳狐其大耳朵是保身所必要的。

大耳狐的牙齿有48颗，有时候也有50颗的，是另一特征。家犬有42颗牙，和其相比便知道，大耳狐在哺乳类中是牙齿最多的种类，或被认为部分牙齿分成两个所致。

[食物]

（小型的啮齿类）

（白蚁、蚱蜢等的昆虫）

● 仔细看

大耳朵到处转动，以听取声音来保身。

■袖珍动物辞典

大耳狐

●哺乳纲 ●食肉目 ●犬科

大耳狐是近于犬类的祖先型的种类。体型比狗或狐更像豺犬。大多为夜行性，白天多在矮树茂盛的丛林内或岩石荫下休息，但偶而也会外出行动。

性情温和且胆小，具有强烈的好奇心。以1~7只过群体生活。利用别的动物的巢穴，尤其是常在土豚的洞穴中生产。繁殖期是12月至翌年的4月，怀孕期为60~70天，一次产2~5仔。

● 胆怯且好奇心很强，有时会目不转睛地看着人类工作。

丛林犬
体长 57~75厘米
尾长 12~15厘米
学名 *Speothos venaticus*

[食物]（水豚）

（狍鼠）

丛林犬生活在丛林吗？

生活在南美洲的森林或丛林里的草原。具有与犬类相差甚远的体型，是原始的犬类之一。较其他犬类更善于游泳和潜水。

白天在犰狳巢中休息，夜行性。发现了猎物后，整群协力追赶。

● 仔细看

两只前脚挟住猎物，俯下来抓在地面上吃。

食蟹狐
体长 64~86厘米
尾长 30厘米
学名 *Cerdocyon thous*

食蟹狐以蟹为主食吗？

食蟹狐虽然有食蟹犬的别名，但并非以蟹为主食，多半是吃老鼠、昆虫、水果。

小耳犬
体长 70~90厘米
尾长 23~35厘米
学名 *Atelocyuns microtis*

小耳犬的耳朵最短吗？

小耳犬的耳朵只有3~5厘米长，是犬类中耳朵最短的。

■袖珍动物辞典

丛林犬、食蟹狐、小耳犬

●哺乳纲 ●食肉目 ●犬科

丛林犬、食蟹狐、小耳犬都是南美产的原始型的狗类，与饲养狗的血缘关系较远。
食蟹狐为夜行性，独居生活，3~8月产仔，一次产2~5仔。
雄性的小耳犬会从肛门腺放出如麝香的芳香味道。

寇巴俄狐
体长 54~120厘米
尾长 36~50厘米
学名 *Dusicyon culpaeus*

❓ 寇巴俄狐的主食是什么？

大耳朵、密厚的体毛等，外观很像狐和狼。被认为是接近小耳犬的种类。常见于南美洲巴拉圭和阿根廷地区，以在地中筑巢的啮齿类为主食。

性温驯，是现在已面临绝种的动物。

[食物]

（啮齿类）

● 寇巴俄狐在寻找地下的啮齿类时，以鼻子嗅味道，用耳朵敏捷地找出声音。

● 遇到人类会装死，有时候真的会昏倒，有如此奇异的习性。

■袖珍动物辞典

南美狐

●哺乳纲 ●食肉目 ●犬科

南美狐和小耳犬血缘关系十分地接近，耳朵大，四肢长，外形很像狐，因此名叫南美狐，是南美洲的特产。夜行性，白天在啮齿类所筑的巢中，以啮齿类为主食，也有的会吃食水果，性温顺。

外形与南美狐相似的福克兰狼，因毛皮质佳，加以会捕食绵羊，被牧羊人视为仇敌，以害兽杀掉，目前已绝种。

鬃狼

体长 107~125厘米
尾长 30~39厘米

学名 *Chrysocyon brachyurus*

鬃狼的动作

母狼与幼狼

奔跑的姿势

摄食的姿势

[食物]

(蜂蜜)

(昆虫)

(爬虫类)

(啮齿类)

(水果)

(甘蔗)

行走的姿势

鬃狼喜欢吃甜食吗?

生活在南美洲巴西及巴拉圭草原地带的狐类之一。脚长，前脚趾头有五只，善跑，跳跃力很强但不善于跑下坡。

从脖子到背长有鬃毛，一兴奋鬃毛会竖起来。

多半在夜间行动，不会靠近住家，在草原或高原捕捉小型动物，喜欢吃有甜味的东西。

■袖珍动物辞典

鬃狼

●哺乳纲 ●食肉目 ●犬科

犬科中鬃狼的体型仅次于狼，是近于狐的种类。脚长，体高有75~87厘米。从脖子到背，有长约10厘米的鬃毛。兴奋时竖起此毛，以做自诩的表现。

善于奔跑，是犬科中奔跑速度最快的，但有跑一段就会停住的习性。嗜好甜味，因此常潜入甘蔗园或袭击蜜峰的巢，因而遭到捕杀，目前数目已大为减少。

单独生活，并无特别的天敌，常哼或叫吠但并无攻击性。交尾期在春冬之季，通常一次产2仔。

红狐（赤狐）
体长 50~90厘米
尾长 30~48厘米
学名 *Vulpes vulpes*

狐类的代表是哪一种?

狐是中型的犬科动物，但和狼或美洲豺犬是另一系统的种类。

世界上除了红狐外，还有分布在尼泊尔和西藏等海拔4000米高地的西藏沙狐和分布在印度的孟加拉狐等。但广泛分布于欧亚大陆和北美洲的红狐，是狐类的代表。

狐在森林及草原地带甚至在北极等广泛地区，巧妙利用环境而生活。除了繁殖期外，雌雄分别生活。

狐很聪明且狡滑，当伏击老鼠或兔子等时，会想尽办法来捕捉猎物。

丰密的毛和密厚的长尾是狐的特征。

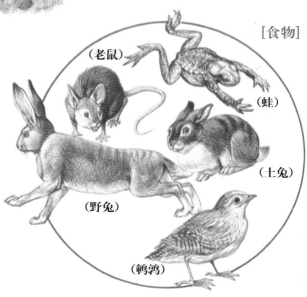

[食物]

（老鼠）

（蛙）

（土兔）

（野兔）

（鹌鹑）

● **仔细看**

狐的瞳孔，在光亮的地方会和针一般细。这也是在伏击捕捉猎物的动物中共同的特征。

● 红狐的生活

● 通常将獾等的巢改为自己的巢，一次生产4~5仔。约一个月后会在巢穴前玩耍并等候母狐回来。

● 假装痛苦或追着自己的尾巴来引诱兔鼠的注意，而逐渐地靠近后，突然上前捕捉。

● 被追赶时也会爬上树。狐被认为不会爬树，但却常爬倾斜的树。有时会在4~5米高的树上午睡。

● 再冷，也不像狸在冬天睡着过冬。觅食时若找不到食物，也会吃腐肉。由于天冷冬毛很长，看起来很肥胖，但身体是较瘦的。

[狐的动作]

● 衔住幼狐，迁移至别处

● 睡觉

● 休息

● 秋季也吃水果

● 午睡

● 喜欢戏弄猎物

狐的种类

北极狐

美洲伶狐

聊狐

北非淡狐

[毛色不同的红狐]

黑狐

银狐

叉纹狐

○ 红狐的毛色因所住的地方不同而有所不同，并非不同的种类。黑狐分布在北美洲的北部及西伯利亚。银狐分布在加拿大及西伯利亚。叉纹狐分布在北美洲或西伯利亚。

○仔细看

生活在越北方的狐耳越小，生活在越南方的狐耳越大。这是因为在寒冷地带的狐需散发出更少的体温，故耳朵变得很小。

① 北极狐

② 红狐

③ 灰狐

④ 聊狐

①北极狐
②红狐
③灰狐
④聊狐

■袖珍动物辞典

狐

●哺乳纲 ●食肉目 ●犬科

犬科动物多半以追赶方式来获取食物，其中偷偷地或以计谋来获取的就是狐。此种捕捉方法在人的眼里显得很阴险，因而在伊索或其他寓言里常被作为狡猾的代表。其实这只是狐为了谋生而不得不如此。

狐非常机敏且有耐久力，能不出声偷偷地贴近猎物。属夜行性，但若白天没有危险也会出来在有阳光的地方熟睡。

交尾期是12~2月，怀孕期为52天，年产一次，一次产4~5仔。幼兽生后约一个月，和母狐同在一巢穴里生活，父狐出去觅食，幼兽经过3~4个月就离开父母。天敌为狼、鹫、鹰，但最大的害敌仍是人类。

聯狐	体长 35~40厘米
学名 *Vulpes zerda*	尾长 19~21厘米

[食物]

（老鼠）
（跳鼠）
（昆虫）
（爬虫类）

❓ 哪种狐拥有大型耳朵?

　　分布在非洲或阿拉伯沙漠的小型狐，具有约15厘米长的大型耳朵。炎热的白天在巢穴中睡觉，到夜里才走出巢穴觅食。

[聯狐的巢]

出入口　　隧道　　巢室

● 有时也会袭击比自己大的野兔。

■袖珍动物辞典
聯狐

●哺乳纲 ●食肉目 ●犬科
聯狐体长只有35~40厘米，耳朵却有15厘米长。这有助于体温的发散。
交尾期在1~3月，怀孕期为50天，一次产2~5仔。天敌为秃鹫和鬣狗。

（仔细看）
偷偷贴近猎物，跳上去捕杀。

北极狐

体长 46~75厘米
尾长 26~43厘米

学名 *Alopex lagopus*

[食物]

（旅鼠）

（海鸟）

（海豹和鱼的死肉）

○ 换毛时期的北极狐。

蓝狐

○ 蓝狐是北极狐的变种之一。分布在雪少的海岸或平地。整年体色都不会变成白色。

北极狐的毛会变色吗?

北极狐分布在北极圈。有小型耳朵和短嘴巴，防止体温过分发散。在积雪地方，其体毛在冬天会变成纯白的冬毛。

■袖珍动物辞典

北极狐

●哺乳纲 ●食肉目 ●犬科

北极狐分布在北极地区。结成小群体觅食，食物缺乏时会跟随在北极熊之后吃海豹的剩肉，有时伙伴之中彼此抢食，甚至也会同类相残。耐寒并不冬眠。有的冬毛会变白，有的整年毛是蓝灰色的。整年蓝灰色的就是蓝狐，是北极狐的变种之一。

繁殖期从4月开始，怀孕期为6周。5~6月生产，一次产5~6仔。产后1~2周又交尾，7~8月间再生产一次。

亚洲豺犬
体长 85~100厘米
尾长 40~48厘米

学名 *Cuon alpinus*

[食物]　　　　　　（各种鹿类）

谁的外号叫"赤毛狼"？

亚洲豺犬是亚洲所产的豺犬，外观虽不像非洲豺犬，但有不少共同的习性。前脚有五只趾头，这一点和非洲豺犬不同。身材颇似狼，又名赤毛狼。

多半成群袭击鹿，但也会袭击水牛和熊。性凶猛，猛追猎物并残杀。这可阻止鹿类的繁殖过剩，故对自然界的平衡具有贡献。

○ 常为争取猎物和老虎或豹相斗，而以群力将它们赶走。

大洋洲野狗
体长 70~120厘米
尾长 35厘米

学名 *Canis familiaris dingo*

[食物]　（䶄）　　　　　　（袋狸）
（鼯）　　（袋鼠）

谁是大洋洲最强的食肉类动物？

大洋洲野狗被认为其起源并非野生的狗，而可能为约9000年前人类带进大洋洲后野生化的犬类。外观和家犬难以辨别，但已形成不让人靠近的野性。在大洋洲其可算是最强的食肉类动物。

■袖珍动物辞典

亚洲豺犬

●哺乳纲 ●食肉目 ●犬科

在亚洲的山地或森林地带，以4~30只成群生活。昼行性，不筑巢，以自然的低洼地或岩石洞作为住所。脚不长，但却会跑很长的路途追逐猎物。怀孕期为63天，一次产2~6仔。

非洲豹犬
体长 76~108厘米
尾长 30~40厘米
学名 *Lycaon pictus*

❓ 非洲豹犬的天敌是谁？

是生活在非洲干燥草原地带的野生狗。通常以十几只成群生活。有一只是领导者，而群内其余伙伴的地位都平等，猎获食物时会平均分配。共同狩猎和育幼。

昼夜均活动，多半捉小型羚羊。常很有耐性地追赶很长距离，追到猎物疲惫为止。可以说是非洲的狼。

狮子是其天敌。

[食物]

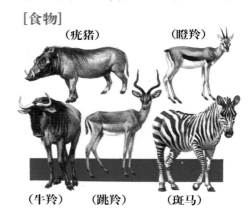

（疣猪） （瞪羚）

（牛羚） （跳羚） （斑马）

● 非洲豹犬的猎物是中、小型的羚羊类，但也会袭击斑马。追到猎物时，不会把它拖倒。先咬住流着血还在跑的猎物，使它支持不住而倒下。再以约10只豹犬的数目来咬伤1只牛羚，只花15分钟便吃光，最后只剩下头部的骨头。

非洲豺犬的生活

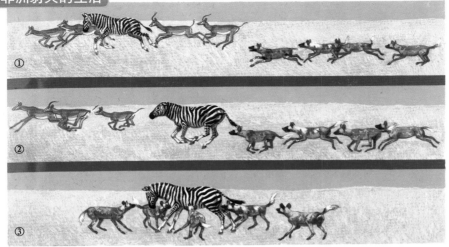

① ② ③

仔细看

繁殖期时雌狗撒尿后，雄狗也会在同一地方撒尿，这时候常会翻筋斗。

雌狗把吃进去的食物再次吐出来喂食自己的幼狗。

和其他犬类一样很会玩耍，这是学习狩猎的行动。

大家一起来照顾幼犬，两只一起把幼犬带到巢里。狩猎回来，舐舐幼犬的肚子。

①追赶猎物时，领导者时常保持一定的速度在跑。并配合猎物的速度跑。

②猎物弯弯曲曲地跑，在最前面的豺犬会抢先追去。领导者立刻追上，又在最前面。

③猎物一疲惫，头目就咬上其后脚或尾巴，而其他的非洲豺犬轮流地咬住脚或侧腹。

■袖珍动物辞典

非洲豺犬

●哺乳纲 ●食肉目 ●犬科

非洲豺犬是具有黑、白、土黄色的独特斑纹的食肉类。前脚没有拇趾，只有4趾，下颚的白齿少了一对。

通常以数十只，有时也有多到100只结群生活。狩猎多半在早晚两次。11月左右交尾，怀孕期为69~72天，一次产2~6仔。把土猪等动物遗弃的巢扩大，作为育幼的场所。

草原狼（郊狼）
体长 95~125厘米
尾长 30~38厘米
学名 *Canis latrans*

草原狼喜欢吃什么？

北美洲产的草原狼很像狼，但其尖尖的鼻子也很像狐。

在草原上生活，把獾或臭鼬的巢扩大，当成自己的巢。

和非洲产的豺犬或鬣狗类似，爱吃腐烂的肉，对草原的清洁很有贡献。

能以时速65千米的速度奔跑。其他动物无法捕捉到的杰克兔，它也能捉得到。有时结群追逐大型的草食性动物。

[食物]

（兔鼠）
（野兔）
（昆虫）
（老鼠）
（松鼠）
（蜥蜴）

● 草原狼吃山狮或狼吃剩的腐肉，其后再由乌鸦和橿鸟来收拾草原狼所吃剩的腐肉。

●草原狼的生活

○ 黎明和黄昏时不断地在远处叫着。

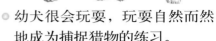

○ 幼犬很会玩耍，玩耍自然而然地成为捕捉猎物的练习。

○ 有伙伴时，以接棒式追赶，由前面咬上喉咙而致死。

仔细看

发现了小猎物，会像小狗玩皮球似地戏弄它。

○ 相当聪明，很少会掉入陷阱。

○ 没有伙伴时，绝不袭击大型动物。这时会在年轻力壮的鹿前卷起尾巴颓丧地离去。

■袖珍动物辞典

草原狼

●哺乳纲 ●食肉目 ●犬科

草原狼很爱在远处叫着。不但跑得快、游得快、游得也好，又有耐久力。警戒心很强，很少陷入陷阱。和鬣狗、豺犬同样会吃腐肉，但主食是鼠类。

1~3月交尾，怀孕期为63天。一次产5~7仔，偶尔会生10仔。一生为一夫一妻，父亲把饵食吞下去，再吐给幼犬吃。敌害为山狮、犬鹰。

亚洲胡狼

体长 70~85厘米
尾长 20~30厘米

学名 *Canis aureus*

胡狼平常都吃什么?

胡狼分布在非洲和亚洲,是习性很像草原狼的动物。吃狮子或豹剩下的肉,或吃从鬣狗那里抢来的尸肉。

除吃尸肉外,自己也会狩猎。捕捉生病的草食动物或小羚羊。

[食物]

(小羚羊)

(老鼠)

(昆虫)

● 袭击正在生产的羚羊及刚出生的小羚羊。

■袖珍动物辞典

胡狼

●哺乳纲 ●食肉目 ●犬科

胡狼以吃腐肉为主,但也会捕追猎物。趁其疲惫时捕捉,使用此法尤其是成对的攻击,具有相当高的成功率。

维持一夫一妻制,持有自己的领域,用尿来做记号。

亚洲胡狼交尾期是1~2月,怀孕期为60天,一次产1~7仔。

● 胡狼和秃鹰会吃草原上的腐尸,有助于防止草原传染病的流行。

狼

体长 100~140厘米
尾长 30~48厘米

学名 *Canis lupus*

狼在哪些地区已经灭绝了？

狼自古以来即以凶恶著称，而为人类所厌恶。其实狼是既聪明又爱自己家族的动物。在犬类中体型最大，成群行动。

广泛地分布在北半球，但遭人类的残杀已减少了很多。如在英国、日本北海道已经灭绝了。

捕捉大猎物时在雄性领导者的指挥下，成群协力以赴。有时跑极长的距离，以追逼猎物。这是狼的特性之一。

[食物]

大型的动物

小型的动物

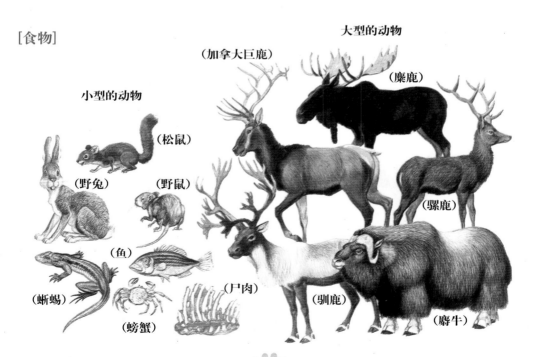

（加拿大巨鹿）
（麋鹿）
（松鼠）
（野兔）
（野鼠）
（骡鹿）
（鱼）
（尸肉）
（蜥蜴）
（驯鹿）
（螃蟹）
（麝牛）

狼群及其狩猎的方法

雄性和雌性的领导者

- 经过相斗后，以最强壮的一只雄狼为领导者。再和一雌狼形成一对领导者，而其他的狼与幼狼再加入这群。

有两种狩猎的方式：袭击熊时，一大群同时扑上去将其咬死。快脚的动物就以时速45千米的速度追赶。直到对方疲惫，才咬上其后脚将其拖倒。

狼的生活

- 群有等级，强的立起尾巴来瞪视弱的，弱的伏下耳朵示出喉咙来。

- 雄狼在自己的领域撒尿作记号。

● **仔细看**

攻击时垂下头，抬起一只前脚。

● 坚守一雌一雄制，彼此照顾极体贴，这是动物里很少看到的。

● 善于游泳，因此被敌人追赶时，可以进入水中以便抹掉自己的味道。

● 优异的跳跃力。

● 没有食物时，也吃腐肉。

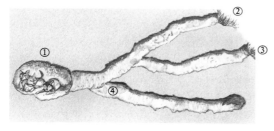

①巢室
②入口
③紧急出入口(太平门)
④地道

● **仔细看**

[各种表情]

害怕　　　　吓唬　　　　怀疑

● 狼的育幼

以狐等的巢扩大来当作自己的巢。春至夏，雌雄一起在巢内铺草生产，生产后，雄狼就出去寻找食物。

① ② ③

● 狼很用心地育幼：①母狼先吐出已咬碎的肉给幼狼吃。②大一点就喂死的猎物给幼狼吃。③再大一点就教他捕杀小型猎物的方法，并一同去狩猎。

● 给幼狼喂母乳。

■袖珍动物辞典

狼

●哺乳纲 ●食肉目 ●犬科

狼与犬相似。但耳朵直立，尾巴不弯卷，胸部大，身体很健壮。狼的持久力强，可以保持同样的速度跑相当长的距离，也善于游泳。

此外，也很有耐力、毅力，智能也很高。借着构成群聚的协力合作，一旦看上某一猎物，很少能被它逃脱。曾有两个星期内行走200千米的纪录。

夏季，单独或成对、或以家族为单位作小群的活动。至冬季则数个如此的小单位聚集成大群，以20~30只结集行动。

繁殖期通常在1~4月，怀孕期为63天，一次产4~7仔。幼兽约经2~3年成为成兽，寿命约15年。

家犬

家犬的祖先是谁?

家犬的祖先是一万数千年前,为寻找人类吃剩的食物而来到人类住家的狼,或是类似狼的野生狗。

从庞大的圣伯纳狗到小型的吉娃娃狗,有各种各样的种类,这是家犬的特征之一。

英国牧羊犬

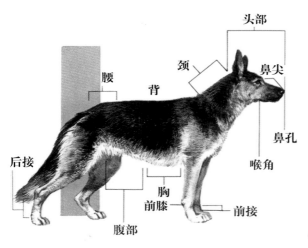

吉娃娃狗　　巴色特猎犬

● 狗的身体

腰　背　头部
颈　鼻尖
鼻孔
喉角
后接
胸
前膝　前接
腹部

● 仔细看

[狼和狗的差异]

狼　　　　家犬

● 眼睛是黄色。　● 眼睛是茶色。
　脚印细长。　　　脚印圆形。

● 遗留在家犬身上的祖先的习性

● 热或生产时，挖地筑穴。

● 习惯在较幽暗的地方睡觉，因此狗舍很有必要。

● 如发现东西，就会跑过去捕捉。

● 在离住宅较远处的地方撒尿，大便后盖上泥土以除掉味道。

● 吃剩下的食物，挖洞埋起来，并用鼻头来盖土。

● 有搬运东西的习惯，这是远古时祖先把猎物运回巢穴的习性。

● 从离自己家很远的地方也能回来。

[家犬的各种动作]

○ 见面时，会去闻对方屁股
　的味道。

○ 绝对服从时，露出喉咙和
　肚皮。

○ 把尾巴卷入，缩小身体表
　示害怕。

○ 垂下耳朵，露出牙齿，轻
　摇尾巴表示高兴。

○ 每有角落就撒尿，来确认
　自己的领域，或向其他雄
　狗示强。

○ 扭扭身子表示撒娇。

家犬在人类生活上的贡献

● 橇犬——北极地方的生活所不能缺少橇犬，是利用家犬的速度和耐久力。

● 牧羊犬——带回迷路的绵羊或牛，或守着羊群等不让其散开。

◎ 狩猎犬——利用敏锐的嗅觉，来追击猎物或捡回猎物。

◎ 导盲犬——利用狗的聪明加以训练，可以代替盲人的眼睛。

● 救助犬——救助在雪中遭难或溺水的人，利用体力强壮的家犬。

◎ 警犬——利用敏锐的嗅觉，来追踪逃犯或寻找失踪的人。

◎ 看门犬——利用听力看守门户。

◎ 玩赏犬——被饲养在家中并受到宠爱。

[猎犬]

①英国波音达犬　②英国雪达犬
③华格尔猎犬　④猎狐狸
⑤苏格兰狸　⑥金毛猎犬
⑦爱尔兰猎狼犬　⑧猎鹿犬
⑨阿富汗猎犬　⑩大麦町犬
⑪大丹狗　⑫侦探犬
⑬英国克卡狗　⑭腊肠狗

● 发现猎物便停下来告诉主人猎物位置的狗叫指示狗（①、②、⑥、⑧、⑬）。用敏锐的鼻子来寻找猎物，帮助狩猎、把猎物追赶到主人那里的狗叫追踪犬（③、⑫、⑭）。猎兔狗多半用来狩猎兔子，以敏锐的视力发现兔子后，能很快地追赶它（⑦、⑨、⑪）。

[看门犬、家庭狗]

[橇犬]

①秋田犬　　　　②熊狮狗
③马士蒂夫犬　　④斗牛犬
⑤英国老牧羊犬　⑥万能㹴
⑦波士顿㹴　　　⑧来卡犬
⑨拳师狗　　　　⑩比利牛斯山犬
⑪撒摩耶犬　　　⑫西伯利亚雪橇犬
⑬阿拉斯加雪橇犬　⑭爱斯基摩犬

○ 看门犬(①~⑩)曾经担任过各种任务，但最近大都被当作宠物来饲养。来卡狗⑧也能当橇犬使用。橇犬(⑪~⑭)以8~10只成队，拖300千克的行李，一天能以60千米的时速来跑。

家犬的种类③

[牧羊犬]

[救助犬]

[警犬]

[赛犬]

[导盲犬]

①粗毛牧羊犬　　②谢德兰牧羊犬
③笃宾狗　　　　④圣伯纳狗
⑤纽芬兰犬　　　⑥狼犬
⑦东非猎犬　　　⑧惠比特犬
⑨灵猩　　　　　⑩罗特维勒犬

● 牧羊犬(①~②)主要的工作是：不让家畜迷路，而把它们从畜舍带到牧场。利用敏锐嗅觉的就是警犬(③)，救助犬(④、⑤)。导盲犬(⑩)能自己思考而行动。赛犬(⑦~⑨)能以时速60千米以上的速度跑450千米的距离。

①狆
②北京狗
③约克夏狓
④贵宾狗
⑤博美狗
⑥狐狸狗
⑦吉娃娃狗
⑧玛尔济斯犬
⑨伯若犬
⑩八哥犬
⑪贵宾狗
⑫意大利提
⑬法国斗牛犬
⑭蝴蝶狗
⑮墨西哥无毛狗

○ 吉娃娃狗以及贵宾狗(⑦、⑪)身材小，被称为"玩具狗"。因小狗出生数目少而受到珍惜。伯若犬(⑨)原是猎狗的一种。

■袖珍动物辞典

家犬

●哺乳纲 ●食肉目 ●犬科

家犬是一属一种。目前做保守的估计，约有100个品种。关于家犬的祖先，有几种学说。譬如有以南方产的狼为祖先，混合着豺犬血统之说，有已灭绝的野生种为祖先之说等。总而言之，犬和人类或其他动物，及同类之间容易相处，有协调性，怕寂寞。更由其有服从饲主的意识等来看，可知其祖先并非单独生活而是成群生活的动物。

繁殖期不定期。雌犬生后7~10个月起，大约一年有二次交尾期。怀孕期约2个月，一次产1~12仔。刚生下来的婴兽鼻子虽灵，眼睛和耳朵还没有作用。但眼睛生后9日起，耳朵也从10~12日起便能使用。4~8周后便离奶。

阿拉斯加棕熊 体长 250~300厘米
体高 110~140厘米

学名 *Ursus arctos middendorffi*

谁是地上最大型的食肉动物？

　　熊是地上肉食动物中最大型的一种。肥胖的身材很强壮，脚短而壮。

　　有五趾强硬的爪子，用来挖洞、爬树、打倒敌人。眼睛小、鼻子大，嗅觉很发达。

　　熊被认为起源于类似犬的祖先种类，并向适应森林生活的方向进化。

熊的特征

仔细看

熊靠其嗅觉和听觉来生活，因此眼睛小，鼻子突出。(棕熊)

○ 肥胖的身材和犀牛一样，适合在丛林或森林里走动。(阿拉斯加棕熊)

○ 善于游泳。尤其是北极熊常入水。(北极熊)

○ 采食物或看远方时，常直立。(棕熊)

后脚   前脚

○ 爱吃果实和树种。(亚洲黑熊)

○ 善于爬树，抱着树干爬。(美洲黑熊)

○ 食物少时，会用前脚把大型草食动物一击打倒。(美洲灰熊)

○ 通常在过冬时，生下 1~2 只幼熊。幼熊比母熊小很多。(罴)

● 熊的进化

● 熊由和犬同一祖先的原鼬进化，而变成适合于森林的生活。

狗  原鼬  熊

● 世界的熊

②棕熊（罴）
Ursus arctos
体长 190~300厘米
体高 100~150厘米

 仔细看

大小的比较

①北极熊
Thalarctos maritimus
体长 220~250厘米
体高 160厘米

④亚洲黑熊
Selenarctos thibetanus
体长 130~200厘米
体高 50~100厘米

③美洲黑熊
Ursus americanus
体长 150~180厘米
体高 90厘米

⑤懒熊
Melursus ursinus
体长 140~180厘米
体高 61~92厘米

⑥马来熊
Helarctos malayanus
体长 110~140厘米
体高 60~70厘米

⑦眼镜熊
Tremarctos ornatus
体长 120~140厘米
体高 70~80厘米

■袖珍动物辞典

熊

● 哺乳纲 ● 食肉目 ● 熊科

熊被认为远在2500万~1200万年前的中新世，由像犬的祖先分出，而向大型头骨、粗壮的脚、短尾巴的方向进化。

通常划有自己的领域，单独生活。夜行性或半夜行性，是完全的杂食性。除了生活在温暖地域的种类以外，会做不下降体温的熊型冬眠。智能高、寿命依其种类而异，大约30年。

棕熊

体长 190~300厘米
体高 100~150厘米

学名 *Ursus arctos*

（水果）

（果实）

（种子）

（草和树的根）

（草木的芽）

（蚂蚁）

（鲑）

（啮齿类）

（鹿）

（鳟）

[食物]

棕熊让人害怕吗？

棕熊往往被称为体型最大的陆栖性猛兽，因此令人害怕。其实棕熊喜欢僻静的地方，只要有充足的水果或树果，很少袭击人类或其他动物。在远离人烟的森林里单独生活。

看起来笨重又肥胖，其实却很敏捷，跑得很快。在必要时爬树的速度也很快。

棕熊的食物很广，是杂食性动物。

● 棕熊的生活

● 秋天将要结束时，就寻找一个适当的洞穴做为越冬场所。

棕熊（绯熊）

● 同时抬起同侧的脚走路。

● 小熊繁忙地爬树。

● 带着幼熊的母熊，为保护自己的幼熊，就连父熊也不让它靠近。

● 越冬期间，会生下1~2只小熊。

● 没有食物，也会去袭击大型草食动物。多半用前脚一攻而击倒敌方。

● 跑得相当快。

● 爱吃蜂蜜，常去搅乱养蜂场的蜂巢。

● 秋天的鲑鱼是迎接冬天来临前的重要食物。

233

穴棕熊
Ursus spelaeus
体长 300厘米

阿拉斯加棕熊
（柯迪亚克罴）
Ursus arctos middendorffi
体长 280~300厘米
体高 120~150厘米

北美灰熊
Ursus
arctos horribilis
体长 250~280厘米
体高 100~120厘米

● 穴棕熊是棕熊的老祖先。它的
体型比现在的阿拉斯加棕熊约
大1.5倍。在数万年前的更新世
便生存着。在欧洲各处的山河
里，曾发现其化石。

欧洲棕熊
Ursus
arctos arctos
体长 240厘米
体高 135厘米

■袖珍动物辞典

棕熊

●哺乳纲 ●食肉目 ●熊科

熊中分布最广泛的是棕熊。分布在
越北方的亚种，其体型越大，以
捕食鲑鱼而闻名的亚种——阿拉
斯加棕熊，体长达3米，体重达800
千克。
各自保持达数公里广的领域。单独
生活，但在4~6月的交尾期会成对
生活。怀孕期为7~8个月，在越冬
的1~2月左右。通常一次生2仔。

北美灰熊

体长 250~280厘米
体高 100~120厘米

学名 *Ursus arctos horribilis*

谁是美国最强的动物？

北美灰熊是在北美西部森林里生活的棕熊的一种。是棕熊中脾气最粗暴的，有时会抢走狼捕到的鹿。

在美国，没有比北美灰熊更强的动物。

● 非常有力，麋鹿或美洲野牛等，都能轻易地搬运。

● 不怕人类。靠近露营营地，有时还会攻击人。

■袖珍动物辞典

北美灰熊

●哺乳纲 ●食肉目 ●熊科

北美灰熊的外观、生态都很像棕熊，普遍被认为是棕熊的亚种，但有些学者分类为独立的一种。

北美灰熊比棕熊重肥胖，在肩膀部分的瘤状特别大，是它的特征。力气非常大，有粗而强壮的爪，是熊中性情最凶暴者。是近于肉食的杂食性，从鱼到鹿、美国野牛等大型兽也会被袭击。交尾期、怀孕期、仔数大约和棕熊相同。

美洲黑熊

体长 150~180厘米
体高 90厘米

学名 *Ursus americanus*

[食物]

(松鼠) (水果) (果实)

(北美豪猪)

美洲黑熊的毛色都是黑色的吗?

美洲黑熊广泛分布在北美洲。比北美灰熊小而温顺，擅长爬树。依生活的地域有各种的毛色。

● 仔细看

[美洲黑熊毛色的变化]

赤褐色(桂皮熊)　　　　蓝灰色(蓝熊)　　　　白色(白熊)

236

●美洲黑熊的生活

○ 在美国及加拿大的国家公园，美洲黑熊是很受欢迎的动物。会把头伸入车内讨食物。只要不惹它生气，就不会袭击人。

○ 美洲黑熊喜欢吃鲑鱼，待在河流的浅处，当鲑鱼跳起来时，就很敏捷地捕捉。

○ 袭击北美豪猪时，把它翻过身来，击其肚子。但有时可能反而被刺死。

○ 分布在北方地带的美洲黑熊，在寒冷的冬天，会在树洞里或地下睡觉过冬。

■袖珍动物辞典

美洲黑熊

●哺乳纲 ●食肉目 ●熊科

美洲黑熊不但会爬树，跑得快，还善于游泳。与其外观的笨重适得其反，是动作非常敏捷的熊。

交尾在6月，怀孕期是100~210天。一次产2~3仔，在冬眠中生产。其后两个月，迷迷糊糊地养育幼熊。

年老或生病的美洲黑熊，会遭到山狮或狼的袭击。

北极熊

体长 220~250厘米
尾长 8~10厘米

学名 *Thalarctos maritimus*

谁是北极圈之王?

北极熊在熊类中属于体型最大的种类，有时体重达七百千克重。脸长、耳朵小，表情很温柔，其实非常凶猛。

在北极圈，被称为北极圈之王。从秋天到冬天，会乘着流水南下，冰溶化后就游回到北部。由深厚的皮下脂肪和密厚的毛来低御制北极的寒冷。随着成长，毛稍带黄色。

●北极熊的生活

新雪

积雪

● 在背风的雪的斜面挖洞过冬。也有说只有妊娠中的母熊才过冬。

● 用前脚一举攻击从冰孔呼吸的海豹。打碎其头骨杀死它。

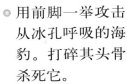

● 善于游水，也会潜水。游泳只用前脚，后脚担当舵的任务。皮下脂肪很厚，因此能轻易地在水中游。

●仔细看

脚底有长毛。因此在冰上奔跑也不会滑倒。

● 母熊在冬期，在雪洞中生产。刚出生的幼熊，眼睛未睁开，耳朵也听不见。

[食物] （海豹及其子）

（北极狐）

（鱼）

■袖珍动物辞典

北极熊

●哺乳纲 ●食肉目 ●熊科

除了部分棕熊的亚种外，北极熊是体型最大的熊。和身材相比，耳朵和尾巴极小，这是为减少身体的表面积以维持体温。

出生时体长只有30厘米，和小兔差不多。交尾期是4~5月，怀孕期间约240天。12月或1月在雪穴中生产，通常一次生2仔。出生后20~24个月，母熊会赶走仔熊。3.5~5年后才能算是成兽。单独居住，除繁殖期外。

如其名"北极圈之王"，可说是没有天敌，只有凶鲸和人类。因其美丽的毛皮和肉，常遭人类尤其是爱斯基摩人的袭击。

亚洲黑熊

体长 130~200厘米
体高 50~100厘米

学名 *Selenarctos thibetanus*

❓ 亚洲黑熊为什么也叫白喉熊？

亚洲黑熊分布在自日本至喜马拉雅地区的亚洲。在喜马拉雅地区的亚洲黑熊，夏天在约3000米、冬天在约1300米的高地生活。

亚洲黑熊在喉咙部长有新月形的白毛，因此又叫白喉熊。

因地方差异，有越冬和不越冬的亚种。比其他熊更为杂食性。食性广，尤其爱吃季节性的植物。

[食物]

（树芽）　（嫩叶）

（螃蟹）

（花）

（蜂蜜）　（蚂蚁）

（水果）

（果实）

●亚洲黑熊的生活

○ 日本黑熊比喜马拉雅黑熊小。脖子的鬃毛不太明显。

○ 爬上树坐在树枝上以躲开蚊子和蚋。

○ 日本黑熊，折断树枝在树上筑巢。在那里晒太阳。

○ 迎敌的姿势。

○ 常咬树皮吸吮树汁。

○ 喜马拉雅黑熊，把折断的树枝排在地面，在上面晒太阳。

■袖珍动物辞典

亚洲黑熊

●哺乳纲 ●食肉目 ●熊科

胸前有镰刀型的白纹是黑熊的特征。所以有白喉熊的俗称。但有的此白纹极为细小，又有的罴也有这种白纹。行动范围很广，搔爬树木或撒尿来做活动范围的记号，但没有特定的领域。性情比罴温顺，在罴、熊行动圈同一地域的，有时遭到袭击。夜行性，单独生活。寒带的黑熊会做时而醒过来的冬眠。怀孕期间为6个月，冬眠中生2仔。幼熊经3年便成熟，寿命15~20年。

○ 日本黑熊在洞内越冬。越冬时生产。

懒熊

体长 140~180厘米
体高 61~92厘米

学名 *Melursus ursinus*

懒熊跑得快还是慢？

懒熊是吃白蚁等昆虫的小型熊。为了吃白蚁，其嘴巴的构造很特殊，它们吹走白蚁巢上灰尘的声音，远在200米也听得到。虽有"懒熊"之称，必要时能比人类跑得更快。

只分布在印度和斯里兰卡等地。

● **仔细看**

上颚中间缺少两颗门牙，嘴唇成筒状，用以吸吞白蚁。

● 在巢外，幼熊骑在母熊背上被载运。

[食物]

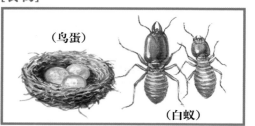

（鸟蛋）

（白蚁）

■袖珍动物辞典

懒熊

●哺乳纲 ●食肉目 ●熊科

懒熊有长而密厚的毛、脖子周围的毛特别长。胸前有U字型的白纹。

用筒状的嘴巴吹走灰尘，吸入白蚁。其声音远在200米外也可听到。

在斯里兰卡，交尾期是整年，在印度则为6月左右。

约经7个月的怀孕期后，通常一次生2仔。

马来熊	体长 110~140厘米 尾长 60~70厘米
学名 *Helarctos malayanus*	

（蜂蜜）
（白蚁）
（蚂蚁）
（水果）（老鼠）
[食物]

仔细看

舌头很长，适于舐食蜂蜜。

睡相

谁是体型最小的熊？

　　熊类体型最小体毛最短的是马来熊。因多半在树上生活，其前后脚蹠都欠毛。

　　在高达七米的树上筑巢。白天睡觉，夜里活动。

　　特别爱吃蜂蜜，用前脚轮流伸入巢内来舐蜂蜜。

■袖珍动物辞典
马来熊

●哺乳纲 ●食肉目 ●熊科

马来熊分布在由缅甸经马来半岛、苏门答腊、婆罗洲等东南亚的森林地带。
关于繁殖的习性并不清楚。但通常一次产2仔。并不在树上而在森林树下的草丛里生产。幼熊对人不怕生。

浣熊

体长 50~70厘米
尾长 20~26厘米

学名 *Procyon lotor*

浣熊受人欢迎吗?

　　浣熊分布在北美洲。像狸的脸和姿态，颇有人缘。

　　聪明又爱干净，再加上对环境变化的适应力也强。本来以肉为主食的兽类，但食性甚广，已有杂食性趋势。因此被赶出住所后，有时候会跑到城市来觅食。

（昆虫）

（蚯蚓）

（蛙）

（螯虾）

（淡水虾）

（贝）

[食物]

●浣熊的生活

◎ 好奇心很强，对环境的变化也很有适应能力。从森林被赶出后，曾出现在纽约市区。

◎ 吃食物前，有先把它放进水里擦洗的习性。

◎ 本来是生活在近水边矮木林的动物。造巢在树洞中，善于爬树和游水。多半在夜里活动。到了冬天，北方的浣熊会在树洞里过冬。

■袖珍动物辞典

浣熊

●哺乳纲 ●食肉目 ●浣熊科

距今约3700万年以前，有一群动物由食肉类的祖先原鼬分开，这些动物虽然是食肉类而朝杂食、爬树的方向进化，这就是浣熊的系统。它们没有离开原产地北美，直到现在。

原本是在近水边的森林或低木林里单独生活。但对环境突变的适应力很强，因此也会出现在城市里。

有把食物像要洗一般地泡在水里的动作，但其意却不得而知。在离水边的地方获得食物时，并不做浣洗的动作。

性情温顺，也可当玩赏动物。交尾期在冬天，大约4月生3~5仔。雄熊只在交尾期参与其繁殖工作，其他筑巢、育幼等都由雌熊一手包办。幼熊约经3个月就长成与母熊同样大小。

在南美有很会吃蟹的吃蟹浣熊。赤狗、蜜熊都是与浣熊接近的动物。

白鼻豹

学名 *Nasua narica*

体长 47~70厘米
尾长 50~63厘米

[食物]

(蚯蚓)

(蜥蜴)

(昆虫的幼虫)

豹会把食物泡在水里吗?

豹的前头部扁平、鼻头长，但属于浣熊的同类，习性也像浣熊。

吃食物前，把食物泡进水里。巢也在树洞里，食性如浣熊一样很广。

通常生活在森林地带。雄豹单独居住，雌豹和幼豹成群生活。(性情暴躁，易发怒咬斗。)

赤豹

● 用前脚挖土，像猪般插入长鼻子来找出猎物。把在厚积的树叶上，或躲在横倒的树下的动物，利用鼻子将它捉出来。

■袖珍动物辞典

豹

●哺乳纲 ●食肉目 ●浣熊科

是浣熊、蜜熊的同类。分布在中南美一带。长鼻子为其特征。将鼻头伸出或弯曲，来挖泥土并找食物。但喝水时不把鼻头弄湿。

除蚯蚓、蜥蜴外，也吃果实。

普遍生活在森林地带。多半是昼行性，夜里在几个固定地方睡觉。雄豹除交尾期外都单独生活。雌豹和幼豹以2~15只成群生活。易为人类驯服，因此可当宠物饲养。

蜜熊

| 体长 42~58厘米 |
| 尾长 39~56厘米 |

学名 *Potos flavus*

 蜜熊的身材像浣熊还是猴子？

蜜熊是浣熊的同类，但身材倒像猴子。尤以蜘蛛猴的长尾巴为其特征。有"第五只手"之称，善于捉握东西。

[食物]

（水果）

（昆虫）

（蛋）

[长尾巴的使用情形]

○ 具有食肉类少有的能卷住东西的长尾巴。使用长尾巴在树枝间跳跃或包住自己的幼熊。

○仔细看

蜜熊正如其名，酷爱摄食蜂蜜。使用长舌头舐取蜂蜜。

■袖珍动物辞典

蜜熊

●哺乳纲 ●食肉目 ●浣熊科

蜜熊是古代从祖先所居住的北美向南方侵入，生活在南美洲的森林里，一直到现在的浣熊的同类。

外表很像猴子。

利用长尾巴、脚、和爪子，很善于爬树。能翻越过树枝之间。杂食性，特别爱吃水果，这是食肉类所少见的。

性情温顺，所以可当做宠物饲养。

关于交尾的行动和繁殖等习性不详。

但通常在夏天生产，一次生1仔。

小熊猫

体长 50~64厘米
尾长 28~49厘米

学名 *Ailurus fulgens*

（树叶）

（果实）

（竹叶、芽、地下茎）

（水果）

[食物]

小熊猫是怎样得名的呢？

小熊猫因外观既像熊又像猫，因此叫做熊猫。是比浣熊更近熊猫的动物，与大熊猫相对，被称为小熊猫。

分布在中国的云南省到四川省，尼泊尔、缅甸北部的高山阴凉的森林。

在大清早或傍晚活动，白天和夜里多半都在睡觉。

[小熊猫的栖所]

	6000米
高山植物带	5200米
针叶林带	3400米
石南科植物带	2600米
竹林(山地雨林)	2000米
干燥的岩石地带	800米

○ 小熊猫生活在高山的森林里。

● 小熊猫的生活

仔细看

在地上行走很像熊，令人有缓慢的感觉，但在树上活动很灵活。在多雾森林的树枝上跑动，脚底长满了毛，可以防止滑溜。

[小熊猫的各种动作]

在睡觉

做游戏

无聊的样子

休息一下

● 对温度很敏感，在炎热的白天就躲在丛林中的树洞里睡觉。以尾巴当枕头，缩成一团睡觉。黎明或黄昏时分，才走出巢穴到地上寻觅食物。

● 常坐下来用双前掌握着食物吃。

■ 袖珍动物辞典

小熊猫

●哺乳纲 ●食肉目 ●熊猫科

小熊猫外表不太像熊猫，但与熊猫最有密切血统关系。与其同属的熊猫科分布在中国的云南、四川到尼泊尔、缅甸北部的高山森林地带。但由化石获知，也曾分布在英国的英格兰。

在春天交尾，约2个月后生2~3仔。幼熊和母熊约同住一年。

性情温顺，所以可以当宠物饲养。

大熊猫

体长 120~150厘米
尾长 13~20厘米
肩高 60~66厘米

学名 *Ailuropoda melanoleuca*

🔖 国宝大熊猫属于熊科吗？

长久被视为幻想中的动物，大熊猫现已闻名全世界。由其黑白分明的体色和可爱的动作，成为动物中的佼佼者，但其野生生活还不详。

世界上只有中国西部的深山里才有大熊猫。古时候则广泛分布在亚洲，由化石可以证实。

其化石本来被认为和熊的祖先——古熊的化石很像，但已被证实完全不相关。大熊猫有时被归入浣熊科或熊科中，其实是不属于任何两者的一种动物。

● 大熊猫的生活①

大熊猫分布在中国西部山地——海拔2000~3500米的高山上，而且是多雨较湿的地方。夏天在30℃左右，冬天则在－10℃的程度。可说是最适合于既怕热又怕冷的大熊猫的地方。多溪流和食物的茂盛的竹林，可当藏身之处。

[活化石——大熊猫]（想像图）

60万年前

10万年前

[食物]

（龙胆）

（番红花）

（小竹笋和竹子）

● 大熊猫被称为活化石。

距今60万年左右，大熊猫和貘或猩猩、平牙象在一起生活。广泛地生活在中国或亚洲南部。这时期气候平稳，但后来进入冰河期，又受到人类活动的影响，在亚洲地区除大熊猫以外这些动物都绝种了。大熊猫只残存在中国西部的高山地带。

[手掌的模样]

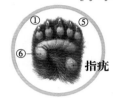

①⑤
⑥
指疣

⑥

○ 经常待在地面上。但在有阳光照射的白天，喜欢爬到大树枝上，晒晒太阳。它们常就这样昏昏沉沉地睡了一天后，到了黄昏才开始活动并寻找食物。

○ 和小熊猫相同的是静坐时，以两只前掌握住食物进食。有时候也用一只手握着吃。

它之所以能紧紧地抓住东西，是因为前掌上长有叫做指疣的肉瘤，又有特别向外突出的骨头，所以被称为"第六指"。然而，这突出的骨头是否是为了能抓紧竹子而生，那就不得而知了。

大熊猫的主食是竹子，一天中差不多有10~12小时都在进食，能吃掉15~20千克。为了适应食物，胃壁极厚，牙齿可咬断直径3厘米的竹子。

○ 有时候也吃野鼠的幼鼠或鼹鼠之类的小型啮齿类及食虫类动物和蛇类、昆虫等。但是它们并不会特意去攻击攫捕它们，只在偶然间遇到，可以轻易抓住的时候才抓。

● 大熊猫的成长过程

○ 刚生下的幼熊猫，全长只有10厘米，体重不过100~150克，眼睛也看不见。

○ 经过20天后，体重增加到500克。毛也长长了，并且出现白色和黑色的花纹，大熊猫常将幼兽抱在身边。

● 大熊猫的生活③

● 大熊猫非常喜欢水；可以说，森林中有水的地方，就可能找得到它们的踪迹。它们喜欢在河谷的水中游泳，有时候常喝水喝到胀鼓鼓的，一动也不能动。

● 平常动作迟钝的大熊猫，在遇到豹等天敌时会十分受惊吓，立即飞快地爬到附近的大树上。它们爬树的技巧非常高明，可以爬到大树的最顶梢。

● 大熊猫在树穴中筑巢、生子。每胎大都只产一仔。母熊猫非常疼爱幼仔，在三岁以前，一步也不让它们离开自己的身边。移动时，就驮在背上。

● 经过三个月后，长得胖嘟嘟圆滚滚的，长而柔软的毛覆盖着全身。一整天都在瞌睡中度过。

● 经过七个月后变得活泼，并开始到处活动。体重也增加到15~20千克，喜爱吃竹子。

● 大熊猫的各种动作

休息一下

运动中

晒太阳

翻筋斗

看起来像在思考

午睡

背影

■袖珍动物辞典

大熊猫

●哺乳纲 ●食肉目 ●熊猫科

大熊猫很像熊但不是熊，很像和熊并行进化来的浣熊的同类。但是2500万年前就和浣熊分化，在欧亚大陆进化来的，因此视为别科较准确。

是食肉类，但牙齿能咀嚼，便于吃植物性的食物，其实大熊猫的主食是竹子或笋竹。

黑白分明的体毛颜色是其外观上的特征。但为何会有这么显眼的色彩，目前还不清楚。雌雄的区别由外表难以看出，这是因雄的阴茎太小又没有阴囊。

交尾期在春天，秋天生产，一产1仔。仔3~4年为成兽，寿命是20~25年，不冬眠。

性情温顺，姿势和动作非常可爱，在世界各处皆讨人喜欢。但其习性还有许多不明之处。